梯级水库群
多尺度预报调度方法

牛文静　冯仲恺　著

中国水利水电出版社

www.waterpub.com.cn

·北京·

内 容 提 要

新老水问题的错综交织和水工程的大规模投产运行，都对梯级水库群科学运用提出了更高的要求。然而，全球气候变化和强烈人类活动极大改变了流域天然水文节律和量能质时空格局，大规模水利工程调蓄作用进一步加剧了河道破碎化情势，导致传统理论难以圆满解决变化环境下流域水资源系统预报调度面临的复杂现象和科学问题。为此，本书针对实际工程若干复杂利用需求，从机器学习、群体智能、并行计算、启发式搜索等多个层面出发，尝试创新和发展形成梯级水库群多尺度预报调度方法，以期为流域水资源综合开发和全周期高效利用提供科学依据和技术支持。

本书可供水文水资源领域的教学、科研、管理和工程技术人员阅读，也可作为相关专业本科生和研究生的专业读物。

图书在版编目（ＣＩＰ）数据

梯级水库群多尺度预报调度方法 / 牛文静，冯仲恺
著. -- 北京：中国水利水电出版社，2022.11
ISBN 978-7-5170-9471-5

Ⅰ．①梯… Ⅱ．①牛… ②冯… Ⅲ．①梯级水库—水
库调度—水文预报—研究 Ⅳ．①TV697.1

中国版本图书馆CIP数据核字(2021)第043155号

书　　名	**梯级水库群多尺度预报调度方法** TIJI SHUIKUQUN DUO CHIDU YUBAO DIAODU FANGFA	
作　　者	牛文静　冯仲恺　著	
出版发行	中国水利水电出版社 （北京市海淀区玉渊潭南路 1 号 D 座　100038） 网址：www. waterpub. com. cn E-mail：sales@mwr. gov. cn 电话：(010) 68545888（营销中心）	
经　　售	北京科水图书销售有限公司 电话：(010) 68545874、63202643 全国各地新华书店和相关出版物销售网点	
排　　版	中国水利水电出版社微机排版中心	
印　　刷	天津嘉恒印务有限公司	
规　　格	170mm×240mm　16 开本　9.75 印张　210 千字	
版　　次	2022 年 11 月第 1 版　2022 年 11 月第 1 次印刷	
定　　价	**49.00 元**	

凡购买我社图书，如有缺页、倒页、脱页的，本社营销中心负责调换
版权所有·侵权必究

前言

　　作为全球水问题最突出的国家之一，我国水资源总量不足、人均占有率偏低、时空分布严重不均，既面临"水资源禀赋先天不足引发的旱涝灾害"等老问题，也面临"经济社会高速发展引发的水资源短缺、水生态损害、水环境污染"等新问题，导致水资源供需矛盾日益突出，严重影响了国家水安全、粮食安全和能源安全。为解决日益严峻的水问题，近年来，我国兴建了以国之重器三峡工程、南水北调、西电东送等为代表的一大批世界级巨型水利水电工程；而且根据中长期发展规划，水利水电行业在未来很长时间内都会保持高速发展态势。在此背景下，水资源的科学合理调配和综合高效利用便成为解决我国水问题的关键，而水文预报和水库调度正是实现这一目标的有力抓手。然而，近年来气候变化改变了全球海陆循环过程，极端水文气象事件持续加剧，其烈度、频率和范围远超历史同期水平，水文过程非一致性骤增；与此同时，流域被大型水利工程重构为多阻断、长距离、多分区的河库混联复杂系统，改变了天然水文节律和量能质时空格局，导致传统理论难以圆满解决变化环境下流域水资源系统预报调度面临的复杂现象和科学问题，亟待结合工程需求创新更为科学高效的理论方法。为此，本书面向国家重大需求和国际学术前沿，历经10多年系统深入研究，聚焦水文水资源领域面临的若干重大工程问题，提出了梯级水库群多尺度预报调度方法，力求丰富和完善复杂流域水资源系统适用性调控理论体系，进而为我国大规模水资源综合开发和高效利用提供坚实的科学依据和技术支持。

全书共 9 章。第 1 章介绍了本书的研究背景和意义，概要阐述了水文预报和水库调度国内外相关研究进展与发展趋势，进而介绍了本书的研究内容和主要框架；第 2 章提出了基于集合经验模态分解和最小二乘支持向量机的长期水文预报方法，运用分解集成策略辨识了水文时间序列演变趋势，改善了模型性能表现；第 3 章提出了耦合降雨集合预报的中期水文滚动预报方法及其实用化系统，研发了断点下载、接口抽象、工作流调度等关键技术，提升了水文预报精度并延长了预见期；第 4 章提出了基于进化极限学习机的短期水文预报方法，有效提高了模型的泛化能力、预测精度和可靠性，为短期水文预报研究工作提供了有益技术探索；第 5 章提出了集成孪生支持向量机与合作搜索算法的智能水文预报方法，增强了模型预报精度和收敛速度，在不同情境下均能获得合理可行的预报结果；第 6 章提出了梯级水库群中长期发电调度精英集聚蛛群优化方法，交叉运用精英个体动态更新策略和邻域变异策略，提升了标准蛛群优化算法的全域搜索能力与邻域勘探能力；第 7 章提出了梯级水库群短期调峰调度均匀逐步优化方法，利用均匀试验设计技术逐时段优选状态变量集合，显著提升了水库群调度问题的求解规模与计算效率；第 8 章提出了梯级水库群中长期多目标调度高效优化方法，分别构建了多目标量子粒子群算法和并行多目标遗传算法，有效保障了运行效率和结果质量；第 9 章提出了梯级水库群短期调峰-通航多目标调度混合优化方法，构建了面向复杂时间耦合约束和末水位刚性约束的启发式修正策略，保障了电网调峰运行和河道通航需求的动态均衡。

本书系作者近年来相关研究成果的阶段性总结，部分成果发表在《水利学报》《中国电机工程学报》《Journal of Hydrology》等水文水资源领域权威期刊上。在研究过程中，作者得到国家自然科学基金、国家重点研发计划、中国科协青年人才托举工程、湖北省自然科学基金、中央高校基本科研业务费项目等重大科研课题和工程应用项目的资助支持，同时也学习和吸取了众多权威专家学者的学术思想与相关成果。在此，向所有给予作者支持和帮助的领导、同事、朋友表示衷心的感谢！

由于水文预报和水库调度是国内外学者专家普遍关注的焦点和难点问题，创新成果正不断涌现，加之作者时间精力、能力水平等综合因素限制，本书难以全面覆盖相关研究成果，不当之处在所难免，敬请读者批评指正。

作者

2022 年 8 月于武汉

目录

第1章

绪　论

1.1　研究背景及意义

水资源是支撑人类生存和发展的基石自然资源，其开发利用过程通常涉及水量、水能、水质等多源要素以及供水、发电、防洪、生态、航运、泥沙等综合利用目标，需要考虑自然、社会交互影响，统筹上下游、左右岸、区域内外多元涉水部门，从全局、多层级、多维时空尺度合理分配水资源，从而保证水资源可持续和科学利用效率，保障生态环境安全，促进社会进步及和谐稳定[1-3]。作为全球水资源最贫乏的国家之一，我国呈现水资源总量不足、时空分布严重不均、人均占有率偏低等综合特征，再加之人口增加、经济发展和气候变化等综合因素影响，水旱灾害频发、水资源短缺、水环境污染、水土流失等新老水问题日益严峻，已经严重影响了国家水安全、粮食安全和能源安全[4-6]。为积极应对日益突出的水问题，近年来，我国在长江、黄河等大型流域兴建了以国之重器三峡工程、南水北调、西电东送等为代表的一大批世界级巨型水利水电工程，以期通过水库群综合调度优化流域水资源的时空分配，提高资源利用效率、推动能源转型升级[7-9]。其中，长江流域更是形成了水库数目多、兴利库容大、辐射范围广的全球最大梯级水库群系统，并且系统规模仍将持续扩大，预计 2050 年将形成水库数目超百座、总调节库容超 2000 亿 m^3 的超大规模互联水库群系统。在此背景下，我国流域梯级水库群呈现出极大不同于其他中小型水库群的典型特征：

（1）利益主体多元、调度需求复杂。梯级水库通常由不同公司开发管理，同时肩负着发电、防洪、生态、灌溉、供水等综合利用需求（图 1.1），既要统筹水库发电效益、地方经济发展、区域综合治理等多重任务，又要兼顾流域上下游、左右岸、干支流等不同主体利益诉求，调度运行极其复杂，时常"牵一发而动全身"[10-12]。例如，某年金沙江中游水库群同步蓄水以抬升水位、增发电量，而同期径流总量偏枯，导致下游城镇居民一度面临取水困难、造成巨大安全隐患；再如，澜沧江流域景洪水库作为主力电源担负着云南电网的复杂调峰任务，其电能通过墨江断面并入云南主网，同时承担着其下游河段思茅港、景洪港和关累港等多个重要港口的通航疏浚任务，调峰与航运矛盾突出。

（2）梯级联系紧密、约束条件众多。作为我国"西电东送"重要骨干电源，三峡、溪洛渡、向家坝等水电站普遍具有大容量、大机组、高水头等特点，并通过特高压线路跨区向多个区域送电，甚至出现"同一水库发电机组并入不同联络线、不同区域水库或机组并入同一联络线"的复杂异构并网现象[13-15]。例如，金沙江下游溪洛渡水电站所安装的 18 台机组中，右岸 9 台机组通过 ±500kV 牛从直流并入南方电网，左岸 9 台机组通过 ±800kV 宾金直流并入国家电网。由此可知，不同流域之间、梯级水库之间，甚至同一水库不同机组之间都存在着极其复杂的异构并网现象，使得梯级水力、电力、动力联系异常紧密，任意水库运行状态的细微变化都有可能引发级联变化，大幅改变水库群系统出力、水头、流量等调度要素，进而引发梯级控制目标的无序失控。

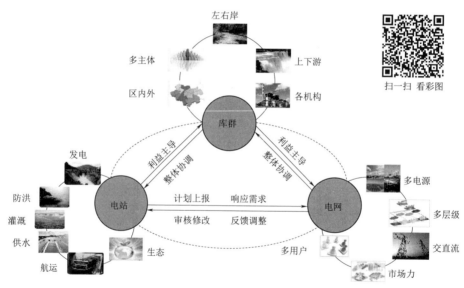

图 1.1　水库群复杂利用需求示意图

（3）系统规模庞大、协同优化困难。经过多年的实践和摸索，"流域、梯级、滚动、综合"的开发机制逐步成熟，我国建成了多个千万千瓦级梯级水库群，形成了超大规模互联水库群调度新格局[16]。例如，长江流域水资源充沛、海拔落差大、空间跨度大、覆盖面积广，不同区域自然环境差异较大，呈现"沿岸有四季、十里不同天"的独特风光；为充分利用水资源，长江流域修建了数十座性能各异、类型多样、库容不一的水库，既有高坝大库又有低坝小库，涵盖了多年调节（如洪家渡）、年调节（如锦屏一级）、不完全年调节（如三峡）等多种调节性能。如此庞大的系统规模造成前所未有的可建模计算挑战、超出动态规划等经典调度算法计算极限。伴随我国水利水电事业的稳步发展和西南水电的持续开发，梯级水库群无论装机规模还是水库数目都将持续提升，如何实现大规模、跨区域、多目标梯级水库群的协调优化将成为亟待解决的重大问题。

由此可知，水利工程的投产运行为流域水资源高效开发利用提供了重要的抓手，但也极大改变了天然水文条件和生态环境，给水文预报及水库调度带来了巨大挑战。一方面，在大规模水库群建成投产后，流域被大型水利工程重构为多阻断、长距离、多分区的河库混联复杂系统，天然径流呈现破碎化特征；而且全球气候变化进一步改变了流域产汇流规律和水循环过程，导致水文过程的变异性和非一致性骤增，极端水文灾害事件频繁发生并不断加剧，水资源时空分布不均更加突出，新老水问题日趋耦合交织，显著增加了水文预报建模难度[17-19]。另一方面，梯级水库群需要综合考虑发电、防洪、供水、生态等多元目标，以及机组、水库、流域和电网等复杂运行限制，属于典型的大规模、多变量、多阶段、多目标复杂约束优化问题[20-22]，其调度复杂性随装机容量、水库数目、发电水头、离散水位等因素增多呈非线性增长，面临巨大的计算障碍和效率限制，迫切需要研发新型实用的优化方法以实现梯级水库群科学调度。为此，本书从水文预报和水库调度两大业务主线展开，重点介绍相关研究工作成果，以期为流域水资源高效利用提供有益技术参考。

1.2 国内外研究现状

1.2.1 水文预报

水文预报需要综合运用水文学、水力学、气象学等多学科交叉理论方法，深入研究目标区域水文情势的基本特征情况、时空分布规律与未来演化特性，着力构建适用的水文模型或预报方法，根据历史或实时信息对水文要素（如水位、流量）的可能变化过程做出定量或定性的预报，从而为决策者科学制定合理可行的调度方案提供精确的系统输入信息。按照预见期差异，水文预报可大致划分为短期、中期、长期等多种时间尺度：短期预报（预见期为数小时至1~3天），中期预报（预见期在3~5天以上、10~15天以内），长期预报（预见期在15天以上、1年之内），超长期预报（预见期在1年以上）。无论何种尺度的水文预报业务，都需要精准可靠的基础数据和预报模型作为基础。为满足多尺度预报业务需求，我国历经数十年在不同地区（如区域、省市、流域）、不同水体（如河流、湖泊、海洋）和不同断面基本建成了涵盖洪水预报、冰情预报、水量预报、水质预报在内的立体化水文监测和预报预警业务体系，在防汛抗旱、水污染治理、水资源配置、气候变化评估等诸多领域发挥了重要作用。

在实际工程中，水文预报从业人员通常根据长系列气象水文实测与预测相关资料，综合运用功率谱分析、线性回归、小波分析、经验模态分解（empirical mode decomposition，EMD）等方法，解析不同区域不同时间尺度下气象水文序列的频率特性、周期性、波动性、趋势性、跳跃性等内在特征，科学辨识变化条件下水资源时空分布规律及演化趋势；在此基础上，构建涵盖新安江模型、水箱模型、萨克拉门托模型等经典水文模型和神经网络、支持向量机、随机森林、高斯过程等新兴人工智能方法在内的预报方法库，采用单纯形法、遗传算法、粒子群算法、人工蜂群算法等智能方法优选模型参数，根据模型性能表现自适应推荐满足不同预报对象实际需求的预报模型，利用未来降雨预报数据快速生成精度高、预见期长的水文预报信息，为流域内水资源合理分配调度提供决策依据。由此可知，预报模型是水文预报业务的核心技术支撑，直接影响了综合预报作业精度和结果可信性。作为水文预报领域的研究焦点和难点问题，如何对复杂水文循环过程进行科学抽象表征便成为水文预报模型关注的重点[23-25]。经查阅国内外相关文献，绘制了图1.2所示的水文预报知识图谱。根据基础建模原理差异，水文预报模型可大致划分为经验模型、成因分析法、过程驱动模型、数据驱动模型等四大类，概要分析如下：

（1）经验模型主要指通过长期观察或数据分析，发现某些水文要素与目

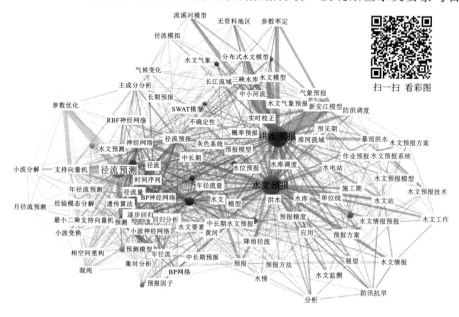

图 1.2　水文预报知识图谱示意图

标要素存在定性或定量的关系并据此进行估计或预测，比较典型的有相应水位（流量）法、枯季退水曲线等。一方面，相应水位（流量）法主要利用某时刻上游站点的水位（流量）对下游站点相关要素（如水位、流量、传播时间）进行预测，其本质上是利用天然河道中的洪水波运动规律来解析洪水波任一位相水位从上游到下游的传播变化规律；另一方面，枯季径流主要由汛末滞留在流域内的蓄水量和降水量补充，受气候因素（如前期降水、蒸发）、地质因素（如流域面积、河网密度）等影响较大，而枯季退水曲线便根据这一特点，利用流域前期水量预测未来一段时间内的径流消退规律。此类模型具有原理清晰、易于实施等优点，在实际中得到广泛应用，但对历史数据、专家经验和使用要求较高，加之气候变化改变了流域水文规律，在发生极端水文现象时模型外推较为困难，需要定期根据实际情况对经验模型做出相应改进。

（2）成因分析法认为河川径流是一定天气过程下的产物，若能根据天气过程的时空演变规律获取降雨变化过程，进而运用流域产汇流规律得到对应的径流过程。因而成因分析法侧重于探寻水文变化过程的物理成因机制，明确大气环流、海温变化、气候异常、地球自转、太阳黑子等径流形成关键要素，进而对水文要素和前期大气环流特征建立定量关系开展预报。由于气象水文要素演变过程的复杂性和多变性，水文过程的本质物理机制尚未被充分揭露，难以对水文物理成因做出精准描述，加之对大气环流、太阳活动等复杂气象资料要求较高，导致成因分析法在水文预报领域的应用受到一定限制。

（3）过程驱动模型以新安江模型、水箱模型、萨克拉门托模型、HBV 水文模型、TOPMODEL 模型等为代表，通常需要对流域形态、下垫面条件、气象条件等复杂特征进行概化处理，设计若干有物理依据的方程组或经验公式来描述复杂的流域水文非线性变化过程（如降雨-径流转换过程、河道演算过程），具有较为清晰的物理意义。按照流域空间处理方式差异，过程驱动模型可大致划分为集总式模型、（半）分布式模型两大类。其中，集总式模型将流域视为整体单元进行模拟仿真，模型参数和相关变量通常是流域所有子区域的平均值，具有原理清晰、易于实现等优点，但忽略了降雨、产流、汇流等水文过程的空间特征差异，无法详细反映不同单元的水文演化过程，使得预报精度不可避免受到影响。（半）分布式模型考虑了降雨和下垫面的空间非均匀特性，将流域划分为若干具有不同特征的网格单元（如降雨输入、地形地貌、模型参数），可以更为准确地描述流域内的水文循环过程，但模拟结果易受流域水文气象、遥感信息等资料精度以及建模专家的工作经验、认知水平等影响，存在资料需求高、计算开销大等不足。

（4）数据驱动模型以人工神经网络、支持向量机、高斯过程回归等为代表，此类模型无需考虑流域水文循环复杂物理过程，着力从数据中探寻降雨、径流、蒸发、气温等不同水文变量之间的关联关系，能够在很大程度上克服过程驱动模型的缺陷。按照建模原理差异，数据驱动模型可进一步划分为传统数理统计模型和现代智能模型两大类。其中，传统数理统计模型通过从历史资料中寻找预报对象与预报因子的统计规律，据此建立适用的预报模式开展预报；并可依据要素数目差异划分为"仅利用水文要素自身统计规律来预测未来可能趋势"的单要素预报，以及"利用预报对象与多种相关性较高的因子开展预报作业"的多要素预报。单要素预报包括历史演变法、周期分析方法、平稳时间序列法等方法，多要素预报包括多元线性回归分析法、逐步回归分析法等方法。传统数理统计模型通常认为相关变量服从高斯分布，这与天然径流的非平稳非线性特征不相匹配，在实际工程中应用能力相对受限。近年来，伴随计算机和信息技术的迅猛发展，以深度学习、支持向量机为代表的现代智能模型得到蓬勃发展，通过从海量异构数据中科学辨识隐藏规律、挖掘目标变量与关联变量之间的非线性映射特征，具有适用性强、易于建模、预报精度高等优点，因而在水文水资源、电力系统等诸多领域得到广泛应用，但其性能通常受模型结构、计算参数等因素影响较大，需要结合问题特征选取合适的模型。例如，人工神经网络（artificial neural network，ANN）受到隐含层数目、各隐含层节点数目、链接权重和节点阈值、学习率等诸多参量影响，存在模型构建困难、学习效率较低等不足，影响了在工程实际问题中的应用效果。

近年来，受气候变化和人类活动等综合因素影响，全球海洋-陆地-大气交互耦合过程受到直接冲击，极大改变了水文循环时空分布特性、迁移演化规律和流域产汇流背景场，导致极端水文事件发生频次、强度、范围均大幅增加，显著增大了水文预报作业难度，使得单一方法难以有效反映变化环境下流域水文要素呈现的非平稳、随机、非线性动力耦合特性。从图 1.3 可以看出，国内外学者正在从不同视角开展相应研究工作以提高水文预报精度，如构建更为先进的新型预报模型、利用元启发式算法优选模型参数、集成多种模型优势的组合预报方法、采用特征分解方法对原始数据降噪处理、探寻更为合理的预报因子选取方法等。

1.2.2　水库调度

1.2.2.1　调度需求解析

梯级水库群大多隶属不同集团公司，承担发电、防洪、灌溉、供水、航运、生态等综合利用需求，而不同任务需求之间往往存在一定的矛盾和冲突。因此，梯级水库群调度运行通常需要平衡流域、电网多种利用需求，既要统筹协调流域上下游、左右岸、干支流等多级调度关系，又要有效兼顾流域水资

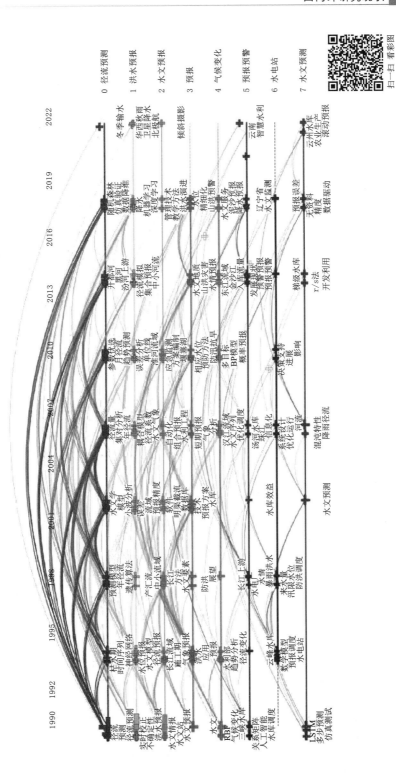

图 1.3　水文预报发展脉络知识图谱示意图

扫一扫看彩图

0　径流预测
1　洪水预报
2　水文预报
3　预报
4　气候变化
5　预报预警
6　水电站
7　水文预测

源开发利用与地方经济发展、区域综合效益等多层发展任务，极大加剧了调度运行难度。关于流域水资源综合化利用的理论研究和工程实践一直是众多学者关注的重点，迄今已取得许多有重要价值的理论成果。根据所选调度目标的侧重不同，现有成果大致可以分为以下几类：

（1）以发电为主，防洪、灌溉、供水、航运、生态等目标为辅。此类成果中，度量发电目标的指标通常包含发电效益（Ⅰ）、调峰容量（Ⅱ）、梯级存蓄（Ⅲ）、最小出力（Ⅳ）等。其中发电效益的衡量标准常见的包括总发电量最大、发电效益最大、边际成本最小、平均耗水率最小等；调峰容量的衡量标准主要包括调峰电量最大、剩余负荷最大值最小、余留负荷均方差最小

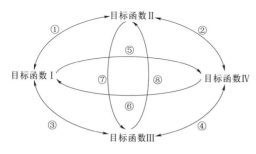

图 1.4　梯级水库群发电调度目标函数
转换机制示意图

等；梯级存蓄的衡量标准通常包含弃水总量最小、弃水风险最小、期末蓄能最大、蓄能利用最大等；最小出力的衡量标准一般包括最小出力最大、保证出力最大等。这 4 类目标比较全面地反映了梯级水库群不同时间尺度优化调度的客观需求：发电效益和最小出力体现了水库群中长期调度控制目标，调峰容量和梯级存蓄则体现了电力系统负荷平衡需求[26-28]。在水库的调度周期中，上述目标通常会根据实际来水的不同互相转换，其转换机制如图 1.4 所示，转换情形汇总见表 1.1。

（2）以防洪为主，发电、灌溉、供水、航运、生态等目标为辅。此类成果

表 1.1　　　　　　　　　梯级水库群发电调度目标转换汇总表

目标函数	Ⅰ	Ⅱ	Ⅲ	Ⅳ
Ⅰ	—	①电网调峰形势紧张	③汛期典型日	⑤突出枯期发电提高梯级调峰能力
Ⅱ	①梯级无调峰需求	—	⑦水资源富集地区避免汛期弃水调峰	②电网平均负荷与梯级平均出力差值最小
Ⅲ	③枯期典型日	⑧增加枯期梯级调峰能力	—	④来水紧缺且电力容量不足
Ⅳ	⑥追求梯级发电效益不计丰枯互补	②典型日电网平均负荷与梯级平均出力差值最小	④来水丰富且电力容量富余	—

中，研究对象所承担的梯级上下游防洪任务往往更为重要，其牵涉到的人民生命财产安全远胜于发电效益。这类目标的度量标准通常包括：最大削峰、防洪库容最小、泄洪总量最小、调用防洪库容最小、下泄流量最大值最小、防洪安全保证率最大等[29-31]。

（3）其他综合利用目标。此类成果通常针对研究对象面临的特殊问题和需求，与水库所在流域特点关系密切。例如，国内外学者针对多沙河流特点构建了水沙联合优化调度模型并提出相应求解方法[32-34]，在减少泥沙淤积的前提下，实现水库发电、防洪等调度任务。

1.2.2.2 优化方法解析

如前所述，梯级水库群不仅肩负着流域防洪、发电、供水、航运、生态、灌溉等综合利用需求，而且承担着所属省级电网甚至区域电网的调峰调频、安稳运行等多重调度责任，同时关系着流域区内外、梯级上下游、河道左右岸等多级管理职能，其调度运行是一类典型的高维数、多目标、多阶段、多约束、多变量、非线性优化问题，其计算开销随系统规模呈指数增长，如何实现高效优化一直是国际学术界与工程界的研究热点与难点问题。与此同时，受气候变化与人类活动双重影响，全球水循环过程受到直接冲击、改变了径流的非一致性，增大了调度决策风险。近年来，国内外普遍增大了对梯级水库群多目标调度领域的关注程度与项目投入。例如，我国实施的"西南河流源区径流变化和适应性利用"重大研究计划、国家重点研发计划"水资源高效开发利用"重点专项、国家自然科学基金委雅砻江联合基金、中美"食品、能源、水"系统关联合作研究项目等国家级科技计划中，一大批与梯级水库群多目标调度密切相关的科研项目获得立项支持；此外，在美国的《水-能源-粮食互馈关系研究》、欧盟的《世界水挑战》、日本的《能源基本计划》、世界银行的《全球能源计划》等重大规划与科研项目中，水资源高效利用均为其中的重要课题。其中，长江流域更是备受关注，在中共中央政治局 2016 年审议通过的《长江经济带发展规划纲要》中，强调"加强水库群联合优化调度，发挥水资源综合利用效益，保障防洪安全、生态安全、供水安全和通航安全"；在《长江流域综合规划（2012—2030 年）》中，"加强以三峡水库为核心的干支流控制性水利水电工程联合调度，协调好防洪与水资源综合利用、水生态环境保护的关系，提高流域抗御特大洪水灾害的能力"，着重点明了长江流域水库群联合调度的作用，这也是七大流域中首个通过国务院审批的流域综合规划；环境保护部、发展改革委、水利部会同有关部门编制的《长江经济带生态环境保护规划》中特别强调了水利水电工程联合调度的重要作用："对水利水电工程实施科学调度，发挥水资源综合效益，构建区域一体化的生态环境保护格局，系统推进长江大保护"。

自 20 世纪 50 年代以来，国内外学者对水库调度问题开展系统深入的研究，并在理论研究与工程实践取得不同程度的成功，系统解算规模也经历了从单库到库群、从梯级到流域、从跨流域到跨区域、从单一电网到多个电网的发展过程[35-37]。图 1.5 为水库调度知识图谱示意图。从数学上看，可根据现有方法能否获得非劣解集大致分为两类：一类是将多目标问题转化为单目标问题进行求解，这类方法通过约束法、权重法、理想点法等将多目标问题转换为单目标问题求解。这种先决策后搜索的寻优模式在一定程度上降低了问题求解难度，但破坏了多目标优化问题本身的物理意义，且优化结果受权重系数等参数影响很大，需要花费大量时间优选参数；其优点在于原理简单、计算方便、可操作性强，决策者一般通过单次优化即可确定最优方案。另一类是直接求解多目标问题以获得非劣解集法，这类方法基于向量优化理论和效用理论，求解关键在于非劣解生成技术。一般首先采用随机生成等方式获得解集或种群个体，然后通过非劣排序等手段进行个体比较，直至输出互为非劣的个体集合。这种优化模式通常可以获得逼近问题真实 Pareto 前沿的非

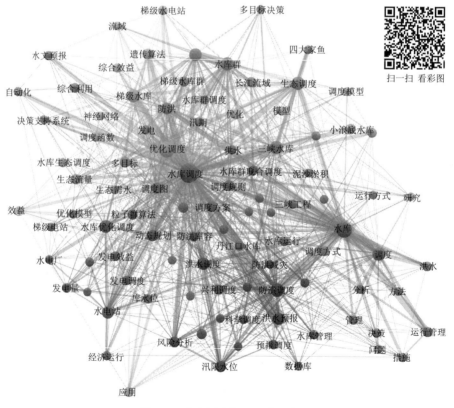

图 1.5　水库调度知识图谱示意图

劣初始解集,能够给予决策者丰富的优化信息和备选方案,但往往计算比较复杂、实现难度较大且需要其他决策方法跟进以获得最终抉择。此类方法研究始于 1896 年 Pareto 在研究经济问题时提出的 Pareto 最优概念,随着运筹学、经济学等学科领域的发展,20 世纪 40 年代迎来了大发展时期,70—80 年代进入了黄金发展阶段,90 年代以来相应理论、方法和应用持续纵向发展,逐步由微观领域扩展至宏观领域,从静态描述型决策转向动态交互式决策。

综合国内外已有成果,无论是单目标调度还是多目标调度,现有可选择的、已被广泛用于梯级水库群优化调度的方法均可以归纳为两个方面:传统数学规划方法和仿生智能优化方法。前者主要包括线性规划方法、非线性规划方法、动态规划及改进方法、拉格朗日松弛法、群体智能算法等,后者主要包括遗传算法、粒子群算法、混沌优化方法、人工神经网络等。其中,线性规划方法需要将非线性水力和电力关系进行(分段)线性化处理,不可避免地引发模型失真、结果可用性差等问题;非线性规划方法虽然能够有效弥补线性规划不足,但对非凸优化问题仍无较为通用的求解工具和方法,而且存在计算时间长、求解效率低等瓶颈;动态规划及改进方法逐时段在离散状态变量集合中递推求解最优决策过程,无需解析目标函数或约束条件便可得到稳定的优化结果,但是其时空复杂度随系统规模呈指数增长,维数灾问题凸显;拉格朗日松弛法能够处理含有复杂关联约束的水库调度问题,但在迭代过程中时常伴有乘子振荡、奇异解、对偶间隙等现象;群体智能算法采用随机搜索策略在全局范围内进行寻优,计算开销受到系统规模影响较小,在处理某些复杂目标或约束时具有独到优势,但难以保证结果稳定性和有效性,易陷入局部最优或搜索停滞,在实际工程中的应用报道相对受限。

与此同时,复杂约束处理对优化方法性能具有较大影响,已有研究大致分为以下四类:①惩罚函数法:将约束违反程度纳入目标函数以实现"优胜劣汰",具有形式简单、可操作性强等优点,但是不同约束破坏对应的惩罚系数选取较为困难,通常需要考虑问题特征加以确定、工作量相对较大;②方案修复法:通过预设规则或策略将非可行调度方案调整至可行空间,能够在很大程度上保证解的可行性,但是修补策略需要根据目标函数、约束条件等模型特征动态调整,增大了计算量和存储量;③多目标法:将约束破坏项视为特定目标以便利用 Pareto 占优机制识别个体优劣,但是难以保证最终方案的可行性;④约束耦合法:将约束条件转化为决策变量对应的等效约束,虽然能够改善算法性能,但是难以处理复杂非线性约束,有待深化相关工作。

总体而言,水利工程蓬勃发展产生了愈加复杂的调度需求和运行限制,使得梯级水库群面临全新的综合利用问题,已有模型和方法难以直接应用并解决全新调度问题面临的突出矛盾。从图 1.6 可以看出,针对梯级水库群调度

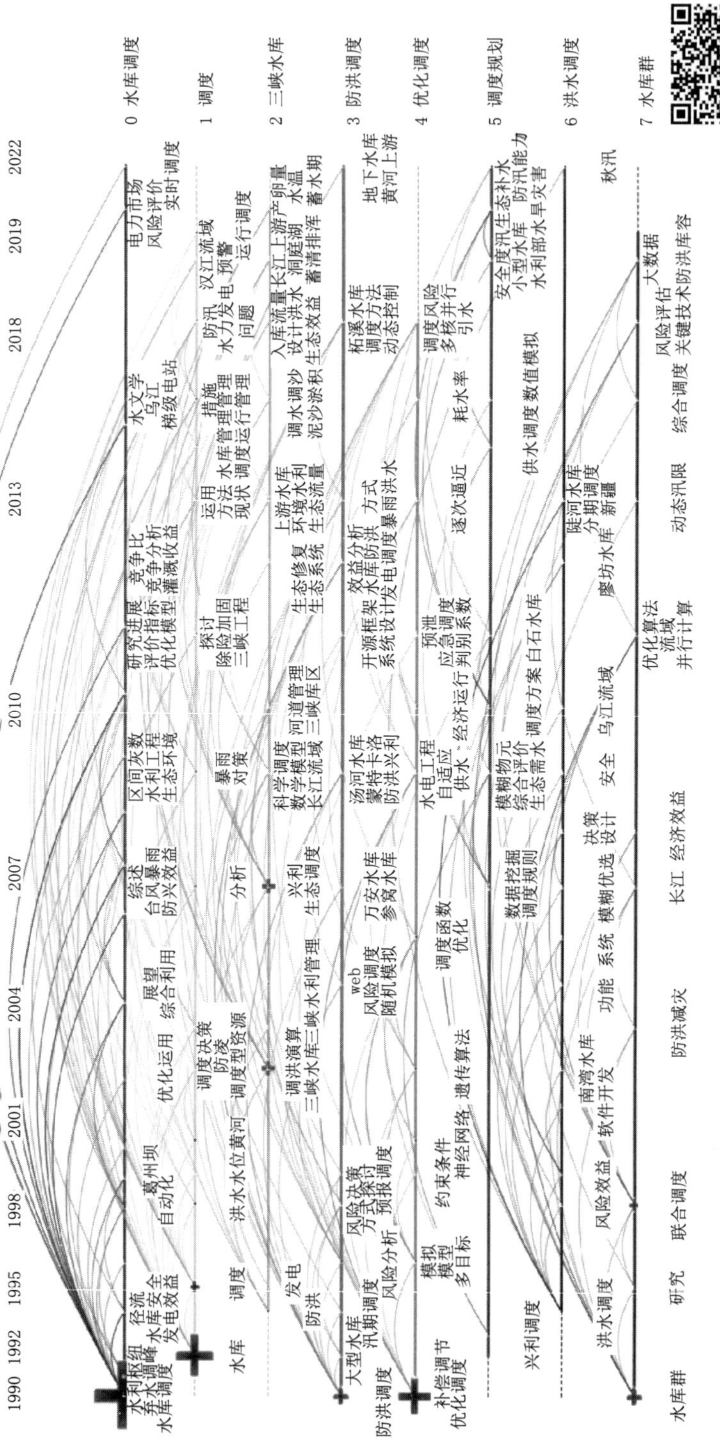

图 1.6　水库调度发展脉络知识图谱示意图

新问题、新需求，国内外学者正在从不同视角对水库群调度模型、方法深入开展研究，如泥沙调度、生态调度、防洪调度、风险评价、对策决策、调度规则等[38-40]。

1.3 本书主要内容

深入理解和准确把握我国面临的水问题，探明水问题产生根源及其解决路径，对于谋划新时代治水工作具有极为重要的指导意义。为此，本书对梯级水库群多尺度预报调度方法开展系统深入研究，形成主要研究成果和结论如下：

第1章绪论。介绍了本书的研究背景及意义，概要阐述了水文预报和水库调度国内外相关研究进展与发展趋势，进而介绍了本书的研究内容和主要框架。

第2章基于混合最小二乘支持向量机的长期水文预报方法。受气候变化和人类活动等综合影响，单一模型难以全面刻画长期径流的内在特性和外部干扰。为此，首先利用集合经验模态分解方法将复杂非线性水文序列分解为若干相对平稳的分量序列，而后利用引力搜索算法驱动最小二乘支持向量机对各分量序列分别进行预报建模，最后叠加各子序列预测结果获得最终的预测结果。工程应用表明，所提方法以分解—优化—集成框架为基础，可有效捕捉非线性水文时间序列演变趋势，提高了长期预报模型性能。

第3章耦合降雨集合预报的中期水文滚动预报方法。为提高降雨预报信息在水库调度运行中的实际效用，首先采用断点下载技术实时下载降雨集合预报文件，利用时空降尺度技术解析获取水库降雨预报数据，将其输入非线性水文预报模型开展中期径流滚动预报；进而采用多核并行技术、接口抽象技术及工作流调度技术等成功开发了稳定可靠、实用性强的中期径流预报系统。工程应用表明，耦合降雨集合预报信息后可显著改善径流预报效果，具有良好推广应用价值。

第4章基于进化极限学习机的短期水文预报方法。为提高短期水文预报精度，首先运用变分模态分解方法将水文序列划分为若干本征模态函数与余项，实现了非线性水文序列数据的降噪处理；然后采用进化极限学习机模型辨识了各分量序列的动态演化过程；最后将各模型结果重建获得原序列预测信息。工程应用表明，所提方法有效提高了模型的泛化能力、预测精度和可靠性，为短期水文预测研究工作提供了有益技术探索。

第5章集成孪生支持向量机与合作搜索算法的智能水文预报方法。首先利用自适应噪声完备集合经验模态分解提取径流序列隐含的多时空尺度信号；而后对各子序列数据集构建两个非平行二次规划模型保障全局收敛性，运用具有良好全局寻优能力的合作搜索算法优选模型参数组合，交替运用团队交流算子、反思学习算子和内部竞争算子动态更新个体空间位置，从而逐步逼近最佳参数组合；最后集成各子序列预测值得到最终预测值。工程应用表明，所提方法在不同情境下均能获得合理可行的预报结果。

第 6 章梯级水库群中长期发电调度精英集聚蛛群优化方法。将新型群体智能算法——蛛群优化方法（SSO）引入梯级水库群优化调度领域，并从精英个体动态更新策略与邻域变异搜索机制等两方面予以改进，提升蜘蛛群体的多样性与优秀个体领导能力，均衡方法的全局开采能力与局部勘探能力。工程应用表明，所提方法能有效克服标准 SSO 的早熟收敛缺陷，有效提升了方法的搜索能力，为梯级水库群调度提供新的求解思路。

第 7 章梯级水库群短期调峰调度均匀逐步优化方法。首先依据相邻日运行工况估算水库可能发电能力，并由上游到下游依次采用切负荷方法快速生成初始解；然后将多阶段决策问题分解为若干两阶段子问题进行求解，将均匀试验设计耦入决策变量集合的构造工作，大幅减少运算量与存储量；同时集成多重复杂运行约束动态辨识可行搜索空间，降低算法的计算消耗。工程应用表明，所提方法可快速获得满意调度结果，能够切实服务于梯级水库群短期调峰调度。

第 8 章梯级水库群中长期多目标调度高效优化方法。通过深入分析多目标问题优化机理和并行计算技术，分别提出了多目标量子粒子群算法和并行多目标遗传算法。前者实现了量子粒子群算法由单目标问题求解到多目标问题求解的拓展，快速逼近真实的非劣调度解集；后者利用多种群遗传算法的天然并行性，结合 Fork/Join 多核并行框架，实现了梯级水库群多目标优化调度的细粒度并行计算。工程应用表明，所提方法能够较好实现梯级水库群多目标优化调度问题的高效求解。

第 9 章梯级水库群短期调峰-通航多目标调度混合优化方法。采用电网剩余负荷最大值最小和反调节水库下游河道水位过程方差最小为目标，以多目标遗传算法为基础优化方法，并针对爬坡上限、出力波动控制限制、开停机最小持续时间、期末水位控制等复杂约束，提出了时间耦合约束处理策略、末水位修正策略及改进的遗传操作算子，增强了运行效率和方案实用性。工程应用表明，所提方法可在满足输电安全限制前提下，有效兼顾下游河道航运条件和梯级水库群的调峰响应能力。

第 2 章

基于混合最小二乘支持向量机的长期水文预报方法

2.1 引言

水文过程受到大气降雨、地表植被、土壤下渗等综合因素影响，呈现典型的非线性、随机性、突变性等特征，如何构建适用的预报模型一直是国内外研究热点、难点问题。作为经典的人工智能方法，最小二乘支持向量机（least square support vector machine，LSSVM）依据结构风险最小化原则，将复杂模型训练问题转换为线性方程组的求解问题，规避了局部收敛问题，显著提升了训练效率和泛化能力，在模式识别、参数辨识等问题中得到广泛应用，也为水文预报提供了一种有效技术。然而，正则化参数和核函数参数等对 LSSVM 在水文预报中的应用效果具有较大影响，而传统的网格法寻优效率相对较低，难以满足实际工程需求。遗传算法、粒子群算法等智能算法为多变量参数优化问题提供了新的手段，其中引力搜索算法（gravitational search algorithm，GSA）具有优越的寻优性能和收敛速度，在诸多领域的预测建模及其参数辨识问题中得到应用，因而将其用于优选 LSSVM 参数。与此同时，受全球气候变化和人类活动影响，水文过程日趋复杂多变，导致单一模型难以全面捕捉水文过程演化规律。为有效提高预报精度，学者尝试利用小波分解、经验模态分解、集合经验模态分解（ensemble empirical mode decomposition，EEMD）等方法辨识水文序列序号的非平稳特征。然而，小波分解需要选择适用的小波函数和分解层数、经验模态分解存在模态混叠等现象，而集合经验模态分解通过引入自适应白噪声信息实现多维特征的有机均衡，有效解决了经验模态分解方法存在的模态混叠问题，因而将 EEMD 用于径流特征挖掘。

基于上述分析，本书将集合经验模态分解、引力搜索算法、最小二乘支持向量机等方法深度融合，提出了基于混合最小二乘支持向量机的长期水文预报方法。该方法通过 EEMD 将水文序列分解为相对平稳的分量序列，以便识别不同尺度的演化趋势和波动分量；而后利用 LSSVM 对所得的分量序列进行预报建模，并利用 GSA 对 LSSVM 参数进行高效优化；最后通过多模型集成得到最终预测值，有效提升了预测精度。长江流域应用实践验证了所提方法在长期水文预报作业中的有效性和实用性。

2.2 长期水文预报方法

2.2.1 模态分解

2.2.1.1 经验模态分解（EMD）

EMD 是处理典型非平稳、非线性数据的有效方法[41]，可以将复杂信号划分为若干频率和振幅明显不同的本征模态分量（intrinsic mode function，IMF）和余量（residual，R）。IMF 展现了原信号在不同频率的特征信息，通常需要满足两个条件：①在所有数据集中，极值点数目和过零点数目相同或至多相差 1 个；②在任意时刻，由局部极大值点形成的上包络线、由局部极小值点形成的下包络线的平均值为零，即上、下包络线关于时间轴局部对称。EMD 的基本思路为：

（1）确定时间序列 $x(t)$ 的所有局部极大值点、局部极大值点。

（2）采用样条插值函数拟合所有局部极大值点、局部极大值点，分别形成上包络线 $x_{max}(t)$、下包络线 $x_{min}(t)$；而后取上包络线、下包络线所有数据点的平均值，记为 $x_{avg}(t) = [x_{max}(t) + x_{min}(t)]/2$。

（3）计算原始信号 $x(t)$ 与包络均值 $x_{avg}(t)$ 的差值，记为 $h(t)$。

（4）若 $h(t)$ 满足 IMF 条件，则记为第 1 个 IMF_1，对应分量序列记为 $c_1(t)$，转至步骤（5）；否则将 $h(t)$ 视为原始序列，而后转至步骤（2）。

（5）将 $c_1(t)$ 从 $x(t)$ 剥离出来，将余量序列 $r_1(t) = x(t) - c_1(t)$ 视为原始序列，重复步骤（1）～（4）直至满足终止条件，即可依次得到 IMF_2、IMF_3、$\cdots$、IMF_n，此时原始序列为 m 个分量序列和 1 个余量序列的总和，其中各分量分别表示从高频到低频的特征信息，可表示为如下公式：

$$x(t) = \sum_{i=1}^{m} c_i(t) + r(t) \tag{2.1}$$

2.2.1.2 集合经验模态分解（EEMD）

虽然 EMD 具有一定的先进性，但在实践中发现该方法存在模态混叠现象。为此，学者提出了一种新型噪声辅助特征分解方法—集合经验模态分解，其基本思想是：将一定幅值的高斯白噪声加入原始信号以改变自身易混特性，而后利用 EMD 方法进行多次分解，并将所有 IMF 的平均值视为最终的 IMF。通过白噪声扰动与集合平均，EEMD 可以有效避免 EMD 存在的尺度混合和模态混叠问题，使得各 IMF 分量较好地保持特征唯一性[42-44]。EEMD 基本步骤为：

（1）设定分解次数 M、白噪声幅值 k 等计算参数，其中白噪声幅值表示白噪声与原始信号幅值标准差的比值。

（2）向原始信号 $x(t)$ 中添加高斯白噪声 $n_i(t)$ 形成修正信号 $x_i(t)$。

$$x_i(t) = n_i(t) + x(t) \tag{2.2}$$

（3）对修正信号 $x_i(t)$ 进行 EMD 分解，得到若干模态分量和余量，记为

$$x_i(t) = \sum_{s=1}^{S} h_{i,s}(t) + r_{i,S}(t) \tag{2.3}$$

式中：S 为模态分量数目；$h_{i,s}(t)$ 为第 i 次经 EMD 分解所得第 s 个模态分量；$r_{i,S}(t)$ 为第 i 次经 EMD 分解所得余量。

（4）重复步骤（2）、步骤（3）产生 M 个 EMD 分解结果集合，将各 IMF 分量和余量的集合平均作为 EEMD 对应的分解结果，记为

$$\tilde{h}_s(t) = \frac{1}{M} \sum_{m=1}^{M} h_{m,s}(t) \tag{2.4}$$

式中：$\tilde{h}_s(t)$ 为 EEMD 分解所得第 s 个模态分量。

2.2.2 引力搜索算法（GSA）

GSA 是一种受万有引力定律启发、基于随机搜索机制的智能进化算法[45-47]。图 2.1 为 GSA 方法示意图。在 GSA 中，每个可能解被视为具有一定质量的粒子，而且处于较优位置的粒子质量更大；任意两个粒子之间存在万有引力作用，引力值分别与粒子质量成正比、粒子间的欧氏距离的平方成反比。根据 GSA 搜索原理，所有粒子在进化初期随机分布在搜索空间内，而后在引力作用下逐步向质量较大的粒子运动，最终逐步收敛于全局最优解。设定种群粒子数量为 N、最大迭代次数为 K，则第 i 个粒子在第 k 次迭代时的位置 $\boldsymbol{x}_i^k$ 可描述为

$$\boldsymbol{x}_i^k = (x_{i,1}^k, \cdots, x_{i,d}^k, \cdots, x_{i,D}^k) \tag{2.5}$$

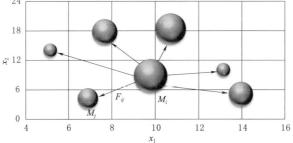

扫一扫 看彩图

图 2.1 GSA 方法示意图

式中：$x_{i,d}^k$ 为第 k 次迭代时，第 i 个粒子第 d 维的变量值。

在 GSA 中，粒子的质量与其适应度密切相关。对目标越小越优问题，第 i 个粒子的质量可描述为

$$M_i^k = m_i^k / \sum_{i=1}^N m_i^k \tag{2.6}$$

$$m_i^k = \frac{f(\boldsymbol{x}_i^k) - \max_{i \in [1,N]} f(\boldsymbol{x}_i^k)}{\min_{i \in [1,N]} f(\boldsymbol{x}_i^k) - \max_{i \in [1,N]} f(\boldsymbol{x}_i^k)} \tag{2.7}$$

式中：$f(\boldsymbol{x}_i^k)$ 为第 k 次迭代时第 i 个粒子的适应度值；m_i^k 为第 k 次迭代时第 i 个粒子的归一化适应度值；M_i^k 为第 k 次迭代时第 i 个粒子的引力质量。

根据万有引力理论，在第 k 次迭代时第 j 个粒子对第 i 个粒子第 d 维施加的引力 $F_{i,j}^d(k)$ 定义为

$$F_{i,j}^d(k) = G^k \times \frac{M_i^k \times M_j^k}{R_{i,j}^k + \varepsilon} \times (x_{j,d}^k - x_{i,d}^k) \tag{2.8}$$

式中：$R_{i,j}^k$ 为第 k 次迭代第 i 个粒子和第 j 个粒子之间的欧氏距离；G^k 为引力常量；ε 为数值较小的常数，以避免分母为 0。

GSA 认为所有粒子将对目标粒子产生一定的引力。因此，在第 k 次迭代时，第 i 个粒子第 d 维受到的引力可描述为

$$F_{i,d}^k = \sum_{j \in kBest, j \neq i} r_j \times F_{i,j}^d(k) \tag{2.9}$$

式中：r_j 为 [0,1] 区间均匀分布的随机数；$kBest$ 为若干优秀个体组成的精英集合。

根据运动法则，第 k 次迭代时第 i 个粒子在第 d 维的加速度记为

$$a_{i,d}^k = F_{i,d}^k / M_i^k \tag{2.10}$$

在 GSA 中，各粒子采用下式更新其位置和速度：

$$x_{i,d}^{k+1} = x_{i,d}^k + V_{i,d}^{k+1} \tag{2.11}$$

$$V_{i,d}^{k+1} = r_{i,d} \times V_{i,d}^k + a_{i,d}^k \tag{2.12}$$

式中：$r_{i,d}$ 为 [0,1] 区间均匀分布的随机数；$a_{i,d}^k$ 为第 k 次迭代时第 i 个粒子在 d 维的加速度；$V_{i,d}^k$ 为第 k 次迭代时第 i 个粒子第 d 维的速度。

2.2.3 最小二乘支持向量机 (LSSVM)

支持向量机（support vector machine，SVM）是基于 VC 维（Vapnik - Chervonenkis Dimension）和结构风险最小化原则的经典机器学习方法[48-50]。

SVM 通过构建非线性核空间映射函数实现支持向量在高维空间中的特征投影，构建了可获得理论最优解的凸二次规划问题，具有较好的全局收敛性和泛化能力，有效避免了传统神经网络方法存在的结构选择困难、局部收敛等不足，在求解小样本数据集的分类和回归分析问题中表现良好，但存在训练成本较高、计算效率低等不足。为此，学者提出了图 2.2 所示的最小二乘支持向量机方法（LSSVM），在优化目标中采用误差的二范数作为损失函数，将含不等式约束的二次规划问题转化为含等式约束的线性方程组求解问题，有效降低了计算复杂性，提高了运行效率和收敛速度。

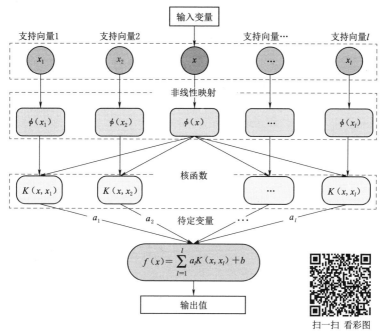

图 2.2　LSSVM 方法示意图

设定数据集 $\{(x_i, y_i), i = 1, 2, \cdots, l\}$，其中 l 为样本数量，x_i 为第 i 个样本的 D 维输入变量，y_i 为第 i 个样本的目标值。LSSVM 通过图 2.3 所示的非线性映射函数 $\phi(\cdot)$ 将低维输入变量从原空间投影至高维特征空间，对应的输出值可表示为

$$f(x) = w^T \phi(x) + b \tag{2.13}$$

式中：w 为权重向量，b 为偏置量；$f(x)$ 为输出量。

LSSVM 将误差的二范数视为损失函数，进而根据损失函数最小化原则得到如下约束优化问题：

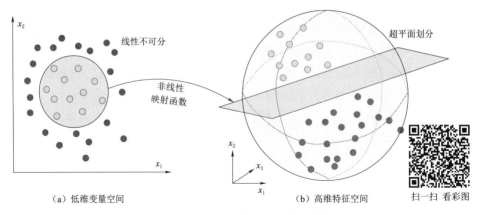

（a）低维变量空间 　　　　　　　　（b）高维特征空间 　　　扫一扫 看彩图

图 2.3 　LSSVM 非线性映射示意图

$$\begin{cases} \min R(\boldsymbol{w},\boldsymbol{e}) = \dfrac{1}{2}\parallel \boldsymbol{w} \parallel^2 + \dfrac{1}{2}\gamma \sum_{i=1}^{l}(e_i^2) \\ \text{s. t. } y_i = \boldsymbol{w}^T \boldsymbol{\phi}(\boldsymbol{x}_i) + b + e_i \end{cases} \tag{2.14}$$

式中：γ 为正则化参数，会对模型的泛化能力造成影响；e_i 为第 i 个样本模拟值与实际值之间的偏差量。

LSSVM 在对偶空间采用 $\boldsymbol{w}$ 将不等式约束转化为等式约束，引入如下拉格朗日函数：

$$L(\boldsymbol{w},\boldsymbol{a},b,\boldsymbol{e}) = R(\boldsymbol{w},\boldsymbol{e}) - \sum_{i=1}^{l} a_i \big[\boldsymbol{w}^T \boldsymbol{\phi}(\boldsymbol{x}_i) + b + e_i - y_i \big] \tag{2.15}$$

式中：a_i 为第 i 个拉格朗日乘子。

根据 KKT（Karush-Kuhn-Tucker）最优化条件，对式（2.15）中参变量求偏导可得

$$\begin{cases} \dfrac{\partial L}{\partial \boldsymbol{w}} = 0 \rightarrow \boldsymbol{w} = \sum_{i=1}^{l} a_i \boldsymbol{\phi}(\boldsymbol{x}_i) \\ \dfrac{\partial L}{\partial b} = 0 \rightarrow \sum_{i=1}^{l} a_i = 0 \\ \dfrac{\partial L}{\partial e_i} = 0 \rightarrow a_i = re_i \\ \dfrac{\partial L}{\partial a_i} = 0 \rightarrow \boldsymbol{w}^T \boldsymbol{\phi}(\boldsymbol{x}_i) + b + e_i = y_i \end{cases} \tag{2.16}$$

消去 $\boldsymbol{w}$ 和 e_i，可得如下线性方程组：

$$\begin{bmatrix} 0 & \boldsymbol{E}_l^T \\ \boldsymbol{E}_l & \boldsymbol{\Omega} + r^{-1}\boldsymbol{I} \end{bmatrix} \begin{bmatrix} b \\ a \end{bmatrix} = \begin{bmatrix} 0 \\ \boldsymbol{y} \end{bmatrix} \tag{2.17}$$

式中：$\boldsymbol{E}_l = [1, \cdots, 1]^T$ 为 l 维向量；$\boldsymbol{I}$ 为单位矩阵；$\boldsymbol{y}_l = [y_1, \cdots, y_l]^T$ 为训练集向量；$\boldsymbol{a} = [a_1, \cdots, a_l]^T$ 和 b 为 LSSVM 模型参数；$\boldsymbol{\Omega}$ 为 $l \times l$ 阶核函数矩阵，其元素为

$$\boldsymbol{\Omega}_{i,j} = \phi(\boldsymbol{x}_i)\phi^T(\boldsymbol{x}_j) = K(\boldsymbol{x}_i, \boldsymbol{x}_j) \tag{2.18}$$

式中：$K(\boldsymbol{x}_i, \boldsymbol{x}_j)$ 为满足 Mercer 条件的核函数。

LSSVM 常用的核函数包括线性函数、多项式函数、径向基函数（radial basis function，RBF）、Sigmoid 函数等。考虑到 RBF 函数的参数量 σ^2 选择相对容易，在数据先验知识未知时具有良好性能，而且空间复杂度受参数变化影响相对较小，因而选择 RBF 核函数，其计算公式为

$$K(\boldsymbol{x}_i, \boldsymbol{x}_j) = \exp\left(\frac{-\|\boldsymbol{x}_i - \boldsymbol{x}_j\|^2}{2\sigma^2}\right) \tag{2.19}$$

LSSVM 的参数计算公式为

$$\begin{cases} b = \dfrac{\boldsymbol{E}_l^T(\boldsymbol{\Omega} + r^{-1}\boldsymbol{I})^{-1}\boldsymbol{y}}{\boldsymbol{E}_l^T(\boldsymbol{\Omega} + r^{-1}\boldsymbol{I})^{-1}\boldsymbol{E}_l} \\ \boldsymbol{a} = (\boldsymbol{\Omega} + r^{-1}\boldsymbol{I})^{-1}(\boldsymbol{y} - b\boldsymbol{E}_l) \end{cases} \tag{2.20}$$

此时，LSSVM 模型可表示为

$$f(\boldsymbol{x}) = \boldsymbol{w}^T\phi(\boldsymbol{x}) + b = \sum_{i=1}^{l} a_i K(\boldsymbol{x}, \boldsymbol{x}_i) + b \tag{2.21}$$

2.2.4 预报模型建模过程

长期水文序列具有典型的非线性强、波动性大和混沌多变等复杂特性，极大影响了模型构建及其预报精度提升。经过 EEMD 分解后，复杂序列可以转化为若干相对平稳的子序列，进而利用 LSSVM 和 GSA 模型进行预报建模及其参数优化，可以有效提升预报精度。基于上述思考，本文提出了图 2.4 所示的混合预测方法，其执行步骤如下：

（1）采用 EEMD 方法分解长期水文时间序列得到若干分量序列和余量序列。

（2）对各子序列分别建立适用的 LSSVM 模型并采用 GSA 优选模型参数。

（3）将不同尺度下的分量序列模拟结果叠加得到预测径流。

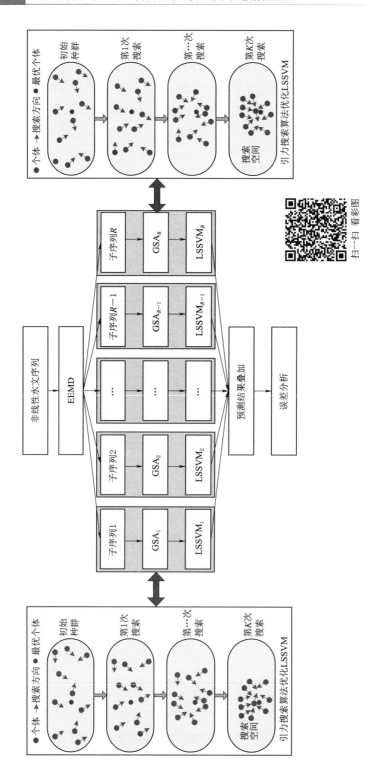

图 2.4 所提方法示意图

2.3　评价指标

为检验不同预报方法的有效性和可靠性，引入均方根误差（root mean square error，RMSE）、平均绝对误差（mean absolute error，MAE）、平均绝对百分比误差（mean absolute percentage error，MAPE）、相关系数（correlation coefficient，CC）、纳什效率系数（nash - sutcliffe effciency，NSE）。通常，模型的预测精度越高，RMSE、MAE 和 MAPE 的值越小，CC 和 NSE 的值越大。计算公式为

$$RMSE = \sqrt{\frac{1}{n}\sum_{i=1}^{n}(y_i - \widetilde{y}_i)^2} \tag{2.22}$$

$$MAE = \frac{1}{n}\sum_{i=1}^{n}|\widetilde{y}_i - y_i| \times 100\% \tag{2.23}$$

$$MAPE = \frac{1}{n}\sum_{i=1}^{n}\left|\frac{\widetilde{y}_i - y_i}{y_i}\right| \times 100\% \tag{2.24}$$

$$CC = \sum_{i=1}^{n}\left[(y_i - y_{avg})(\widetilde{y}_i - \widetilde{y}_{avg})\right] / \sqrt{\sum_{i=1}^{n}(y_i - y_{avg})^2(\widetilde{y}_i - \widetilde{y}_{avg})^2} \tag{2.25}$$

$$NSE = 1 - \sum_{i=1}^{n}(y_i - \widetilde{y}_i)^2 / \sum_{i=1}^{n}(y_i - y_{avg})^2 \tag{2.26}$$

式中：n 为样本总数；y_i、$\widetilde{y}_i$ 为第 i 个实测值和预测值；y_{avg}、$\widetilde{y}_{avg}$ 为实测、预测序列平均值。

2.4　工程应用

以长江流域寸滩和富顺站点为研究对象，采用长序列月径流数据验证分析所提方法可行性和有效性。图 2.5 给出了两站点径流序列变化过程。其中

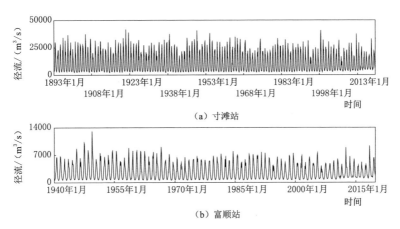

（a）寸滩站

（b）富顺站

图 2.5　不同站点水文序列

寸滩站月径流时间区间为 1893 年 1 月至 2019 年 12 月，富顺站径流时间区间为 1940 年 1 月至 2019 年 12 月。可以看出，径流具有很强的非线性和非平稳特性，十分有必要利用 EEMD 等方法对原始径流进行降噪处理，以提升模型预测精度。

图 2.6 给出了寸滩站月径流的 EMD 和 EEMD 分解结果。从图中可以看出：对两种方法而言，各 IMF 分量序列从高频到低频逐步过滤，具有类似正弦波的周期特性，表现不同时间尺度的信息，其中高频 IMF 分量序列包括一定的白噪声信息，低频 IMF 分量相对平稳，有效避免了模态混叠问题；与此同时，EEMD 所得分解结果与 EMD 分解结果存在一定偏差，但 EEMD 所得分解结果更为平稳且规律性有所增强，能够辨识大尺度循环和趋势成分。由此可知，EEMD 可以较好地识别非平稳径流序列中的特征信息。

为检验所提方法的有效性，选用经典 ANN、SVM、LSSVM 作为对比方法，并分别与 EMD 和 EEMD 耦合，进而形成了 ANN－EMD、SVM－EMD、LSSVM－EMD、ANN－EEMD、SVM－EEMD、LSSVM－EEMD 等方法。

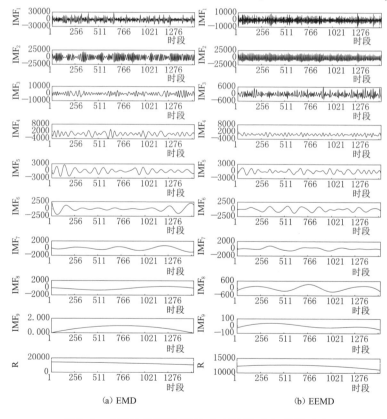

图 2.6　寸滩站月径流 EMD 和 EEMD 分解结果对比

表 2.1 给出了不同方法在寸滩站的预报结果指标对比。可以看出，ANN、SVM、LSSVM 等单一人工智能方法效果较差，其中 ANN 效果差于 SVM 和 LSSVM，表明人工智能模型的结构设计对水文预报效果具有较大影响，因而十分有必要研发更适用的预测模型；基于 EMD 或 EEMD 的改进方法效果优于对比方法，展现了数据分解方法的有效性；同时，所提方法效果明显优于对比方法，表明将数据分解和进化算法集成至数据驱动模型，可以有效提升模型预测精度。例如，在训练集，所提方法能够将 ANN、SVM 和 LSSVM 模型的 RMSE 指标分别降低 58.9%、52.4% 和 51.4%。由此可知，所提方法能够提供合理可行的预报结果。

表 2.1　　　　　　　　　　　寸滩站不同方法预测结果比较

方　法	训　练　集				测　试　集			
	RMSE	MAPE	CC	NSE	RMSE	MAPE	CC	NSE
ANN	4902.1298	50.9801	0.8461	0.6892	4457.9425	43.3737	0.8317	0.6740
SVM	4234.5444	37.4835	0.8797	0.7681	3953.7931	34.3977	0.8681	0.7436
LSSVM	4146.0185	34.7410	0.8837	0.7777	3914.5425	33.3004	0.8698	0.7486
ANN - EMD	3540.4123	22.5669	0.9154	0.8379	3466.4910	22.8332	0.8988	0.8029
SVM - EMD	3438.9307	22.6246	0.9205	0.8471	3299.5918	23.0365	0.9120	0.8214
LSSVM - EMD	3404.0659	21.5039	0.9221	0.8501	3256.4502	21.6820	0.9119	0.8260
ANN - EEMD	2977.5999	25.2128	0.9425	0.8853	2816.1560	24.0591	0.9356	0.8699
SVM - EEMD	2526.0866	22.8685	0.9581	0.9175	2387.3477	21.3016	0.9540	0.9065
LSSVM - EEMD	2531.8945	23.4124	0.9580	0.9171	2408.9381	21.5864	0.9530	0.9048
所提方法	2017.0088	18.9569	0.9734	0.9474	1961.2775	18.1453	0.9697	0.9369

图 2.7 和图 2.8 为不同方法在寸滩站测试集的过程图和散点图。可以看出，不同方法均能较好地跟踪径流变化趋势，而所提方法可以更为准确地捕捉峰值流量，整体过程的模拟效果比较理想，使得预报值与实测值的散点分布比较集中、相关系数取值较大。由此可知，本方法不失为一种合理可行的径流预报方法。

图 2.9 绘制了不同方法在寸滩站测试集的峰值流量结果对比。可以看出，所提方法在跟踪峰值流量方面具有更强的能力。例如，所提方法在寸滩站所有高峰流量预测值平均低于实测值约 6.4%，好于 ANN 方法的 29.3%、SVM 方法的 25.4%、LSSVM 方法的 25.9%、ANN - EMD 方法的 19.3%、SVM - EMD 方法的 15.6%、LSSVM - EMD 方法的 16.9%、ANN - EEMD

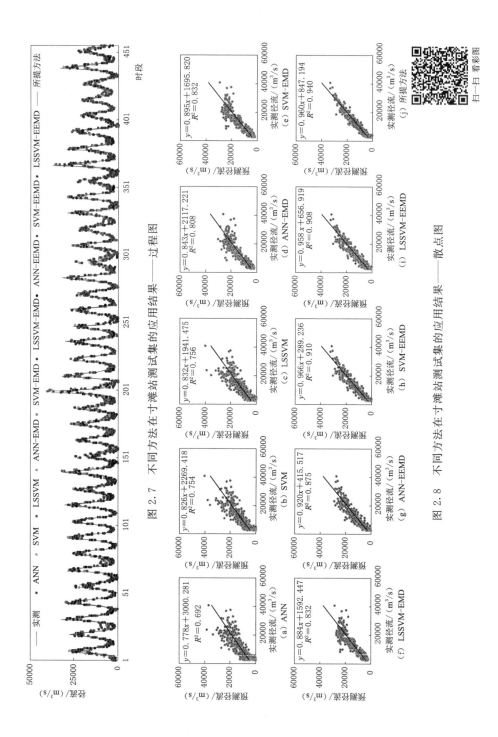

图 2.7 不同方法在寸滩站测试集的应用结果——过程图

图 2.8 不同方法在寸滩站测试集的应用结果——散点图

方法的 18.8%、SVM - EEMD 方法的 12.2% 和 LSSVM - EE-MD 方法的 11.2%。由此可知，所提方法能够有效跟踪变化环境下的非线性径流峰值变化过程。

表 2.2 给出了不同方法在富顺站的预报结果指标对比。图 2.10 和图 2.11 给出了不同方法在富顺站的过程图和散点图。

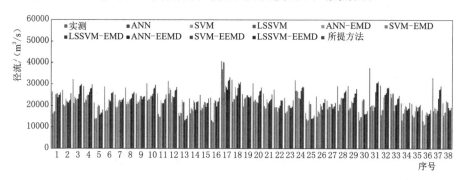

图 2.9　不同方法在寸滩站测试集的峰值流量结果

可以看出，所提方法可以较好地跟踪预报要素的变化过程，预报结果与实况过程拟合效果良好，具有较高的重合度，整体偏差较小，相应统计指标明显优于对比方法。由此可知，所提方法有机集成了数据分解、进化方法和人工智能方法的优势，可以有效提升长期水文预报精度。

表 2.2　　　　　　　　　　富顺站不同方法预测结果比较

方　法	训　练　集				测　试　集			
	RMSE	MAPE	CC	NSE	RMSE	MAPE	CC	NSE
ANN	1222.9502	51.2851	0.8307	0.6829	1077.5746	44.0453	0.8039	0.6218
SVM	973.6976	34.3761	0.8964	0.7990	929.3003	30.4265	0.8608	0.7187
LSSVM	975.7837	34.3649	0.8959	0.7981	927.9852	30.3502	0.8624	0.7195
ANN - EMD	897.3396	25.7190	0.9165	0.8293	856.7080	26.9452	0.8791	0.7610
SVM - EMD	831.2358	20.8841	0.9244	0.8535	798.1907	23.1166	0.8910	0.7925
LSSVM - EMD	836.2135	21.4876	0.9237	0.8517	800.3141	23.4388	0.8908	0.7914
ANN - EEMD	792.0523	24.8213	0.9338	0.8670	721.3869	23.8019	0.9116	0.8305
SVM - EEMD	671.4570	24.3872	0.9533	0.9044	600.1475	20.8587	0.9422	0.8827
LSSVM - EEMD	692.5657	25.4099	0.9528	0.8983	600.7356	20.7383	0.9422	0.8825
所提方法	542.1546	17.6711	0.9685	0.9377	493.4454	14.6306	0.9612	0.9207

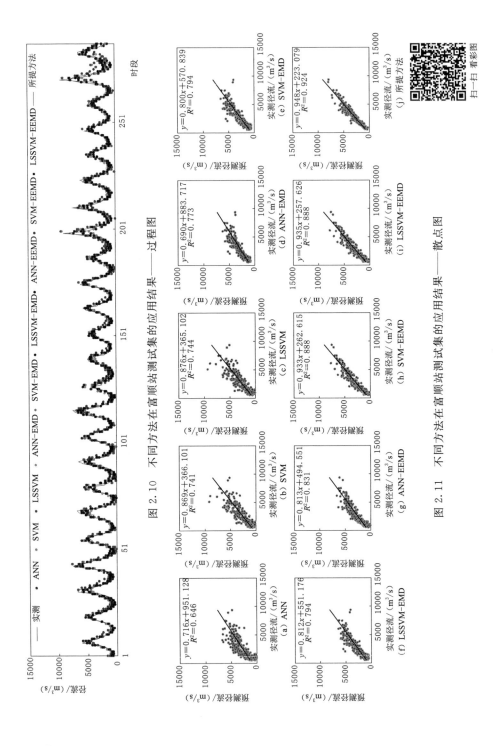

图 2.10　不同方法在富顺站测试集的应用结果——过程图

图 2.11　不同方法在富顺站测试集的应用结果——散点图

2.5　本章小结

为准确预测径流，本章从分析长期径流的非线性和非平稳特征出发，提出基于集合经验模态分解和最小二乘支持向量机的长期水文预报方法：首先对非线性径流序列实施集合经验模态分解处理，获得若干相对平稳变化的分量序列；然后采用最小二乘支持向量机对各子序列分别构建适用的预测模型，同时采用引力搜索算法优选相关计算参数以提高模型预测性能；最后叠加各子序列预测结果获得最终的预测结果。实践结果表明：所提方法可有效挖掘长期径流序列特性，具有良好的预测精度。

第 3 章

耦合降雨集合预报的中期水文滚动预报方法

3.1 引言

及时准确的中期水文预报有助于相关部门预先制定合理有效的生产调度计划，保证防汛抗旱工作的有序开展及电力系统的安全稳定运行，实现国民经济效益、生态效益和社会效益的最大化。降水作为影响径流的关键因素之一，其时效性与准确性对延长预见期和提高径流预报精度至关重要。近年来，降水集合预报技术取得重大进展，它将单一确定性预报转变为概率预报，既可提供确定性预报值，又能包含不确定性信息，其优势得到国内外水文气象专家的高度认可。其基本思想是：首先估计误差范围获得初始物理场状态集合，而后通过驱动多种数值模式或者改变单个数值模式的控制参数得到预报结果集合，进而对预报结果集合展开分析，得到有关预报对象的概率分布等信息。美国国家环境预报中心（National Centers for Environmental Prediction，NCEP）的气候预测系统（climate forecast system，CFS）是海洋—陆地—大气耦合的动力气候预报系统，可为全球提供最新的多种时间尺度的集合预报资料（如降雨、温度、风速等），其历史再分析资料和实时预报结果已被大量业务生产单位及研究机构采用，在季节及季节内尺度预报取得一系列重要进展[51-53]。然而，有关 CFS 降雨集合预报在流域梯级水库群预报调度等生产业务的实用化报道尚不多见。

为此，本书提出将降雨集合预报集成至中期水文预报的实用化应用方法。首先采用断点技术定时下载降雨集合预报文件，并利用时空降尺度技术解析获取降雨集合预报信息，而后驱动优选的径流预报模型开展在线滚动预报；同时采用接口抽象技术、工作流调度技术等对中期水文预报系统进行架构和实现，并成功应用于贵州电网梯级水库群径流预报作业。实际应用结果表明：通过耦合降雨集合预报信息开展中期水文预报，可有效提升径流预报精度，为水库群高效调度运行提供了关键输入信息。

3.2 中期水文预报方法

3.2.1 降雨集合预报信息获取

NCEP 每天开展多次降雨预报模型，以特定格式发布 CFS 降雨集合预报文件（以下简称 CFS 文件）。在实际作业时，用户通过网络连接下载服务器端保存的 CFS 文件。CFS 文件包括预报基准时间 T_0、预报间隔 ΔT、经度分辨率 dx、纬度分辨率 dy 等特征信息，并以<预见期 T，经度 x，纬度 y，预报值 r>四维坐标形式，按照由北纬到南纬、东经到西经存储预见期内全球尺度的降雨预报值。

由于 CFS 文件中包含了全球范围内不同网格节点在不同时间的降雨预报信息，对具体预报对象需要采用时空降尺度方法解析获取特定目标区域相应的预报信息。具体步骤主要包括两部分：首先获取预报对象若干控制点的经纬度，据此确定在 CFS 文件中对应的目标区域；进而按照文件存储规则反向解析得到目标区域不同预见期的降雨值。

(1) 确定目标区域。考虑到预报对象地理范围通常较大，首先需要选取多个具有较强代表性的控制点，并确定所选控制点的经度上限 $\overline{X}$、下限 $\underline{X}$ 以及纬度上限 $\overline{Y}$、下限 $\underline{Y}$；其次，为保证所选区域在 CFS 文件中具有相对规则的拓扑形状，需要对经度和纬度边界进行修正，此时经度下限为 $\lfloor \underline{X}/dx \rfloor \cdot dx$、上限为 $\lceil \overline{X}/dx \rceil \cdot dx$，纬度下限为 $\lfloor \underline{Y}/dy \rfloor \cdot dy$，上限为 $\lceil \overline{Y}/dy \rceil \cdot dy$，其中 $\lceil \cdot \rceil$、$\lfloor \cdot \rfloor$ 分别表示向上、向下取整；最后，按照 CFS 文件存储规则反向解析，获得不同预报时段下全球网格节点的预报信息，从中查找目标区域覆盖的关键网格节点信息。以图 3.1 为例，D、A 点分别为目标区域经度上限、下限，B、C 点分别为纬度上限、下限，若直接采用四边形 $ABCD$ 构成的原始区域，则存在形状不规则，边界处信息不完整，故需要修正经纬度范围，修正后的区域为形状相对规则的四边形 $A_1B_1C_1D_1$，内部网格节点即为其控制的网格节点，可直接利用降雨集合预报文件的已有网格信息。

(2) 时空降尺度。在同一预见期下，控制点的降雨值受经度与纬度双重方向影响（空间坐标）。简化起见，假定在空间内均匀分布，采用双线性插值及距离反比权重插值获得相应预报值；在不同预见期（时间坐标）下，假定降雨随时间线性变化，采用线性插值方法得到控制点在特定时间预报值。以图 3.2 单个 CFS 降雨预报模式为例，设定 A、B、C、D 四个网格节点在 T_1 和 T_2 时刻的预报值为已知值，此时需获取控制点 S 在 T_t 时刻预报值，其中 T_t 与 T_1 在时间上相差 Δt，T_1 与 T_2 在时间上相差 1 个单位的预报间隔 ΔT；控制点 S 在经度方向上距控制点 A、D 均相差 dx_1，在纬度方向上距控制点

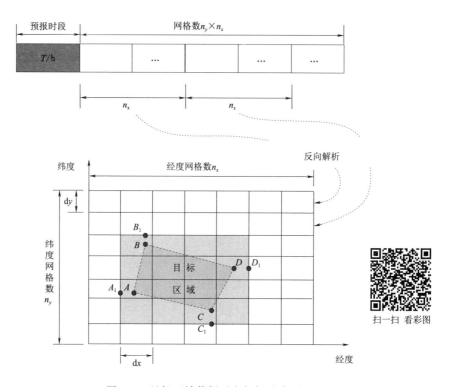

图 3.1 目标区域数据反向解析示意图

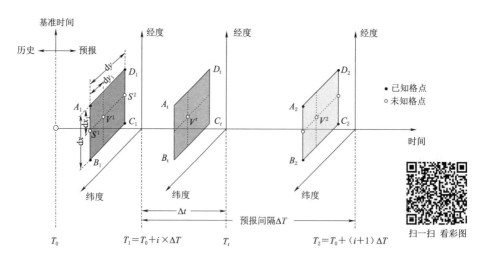

图 3.2 时空降尺度方法示意图

A、B 均相差 dy_1，计算公式参见式（3.1）～式（3.4），详细步骤如下：①插值获取控制点 S 在 T_1、T_2 时刻的降雨预报值：T_1 时刻在经度方向由 A_1 和 B_1 信息插值获取预报值 S^1，由 C_1 点和 D_1 点信息插值获取预报值 S^2；在纬度方向由 S^1、S^2 插值获取预报值 V^1；同理可得 T_2 时刻目标点的预报值 V^2。②由 V^1 和 V^2 插值获取 T_t 时刻目标点的预报值 V^t。

$$S^1 = \frac{dx_1}{dx}B_1 + \frac{dx - dx_1}{dx}A_1 \tag{3.1}$$

$$S^2 = \frac{dx_1}{dx}C_1 + \frac{dx - dx_1}{dx}D_1 \tag{3.2}$$

$$V^1 = \frac{dy_1}{dy}S^2 + \frac{dy - dy_1}{dy}S^1 \tag{3.3}$$

$$V^t = \frac{\Delta t}{\Delta T}V^2 + \frac{\Delta T - \Delta t}{\Delta T}V^1 \tag{3.4}$$

若水库流域面积较大，需在其控制区域内选定 S 个控制点，根据各控制点经纬度插值获取相应降雨预报值，而后对各控制点降雨预报值取加权平均，即可得到水库在对应模式下的降雨预报值，计算公式为

$$\widetilde{R}_t = \sum_{s=1}^{S} w^s V_t^s \tag{3.5}$$

式中：$\widetilde{R}_t$、V_t^s 分别为水库、控制点 s 在时刻 t 的降雨预报数据；S 为控制点个数；w^s 为控制点 s 权重。

3.2.2 中期水文预报模型优选

以降雨-径流关系为核心的中期水文预报通常呈现高度复杂的非线性过程，可采用概念性模型、分布式模型和黑箱模型对其进行描述。受人类现有认知水平限制，概念性模型和分布式模型多采用简化或假定的形式描述物理规律，在不同程度上忽略了降雨-径流过程的空间分布、时变特性和随机性等，而且一般对流域水文气象资料要求较高。基于人工神经网络的黑箱模型不考虑径流物理形成机制，只需给出适量的训练样本和合适的网络结构，即可通过自适应、自组织、自学习、反馈等过程模拟径流的非线性特性，具有较强的鲁棒性和容错性[54-56]。人工神经网络在理论上可模拟任意非线性函数，故本书将其选为模型基本结构。与此同时，预报因子对模型效果有直接影响，现阶段常用的方法包括"枚举所有情形以选取最优模型效果对应的预报因子组合"的简单遍历法、"依据一线专家工作经验选取预报因子组合"的人工法、"依据输入变量与预报变量相关性选取预报因子组合"的相关系数法等方法，其中简单遍历法工作量较大、效率偏低，人工法对工作经验要求较高、应用范围相对受限，相关系数法难以充分反映不同变量之间的非线性关系。

为此，在实际工作中，首先利用主成分分析等多种方法并结合调度人员工程经验筛选相关影响因子（如前期实际流量、实际降雨等），进而确定隐层数及节点数目、激活函数等网络拓扑结构；而后利用群体智能算法开展寻优，采用式（3.6）作为评价指标，采用图 3.3 所示方法在搜索空间内动态更新，确定不同模型结构及其最优参数，进而确定最终用于生产实践的中期水文预报模型。

$$f = \frac{1}{2} \sum_{i=1}^{n} \sum_{j=1}^{m} (\widetilde{y}_{ij} - y_{ij})^2 \tag{3.6}$$

式中：$\widetilde{y}_{ij}$、y_{ij} 分别为在样本 i 中第 j 个径流的预报值和相应的实测值；n 为样本数目；m 为输出层节点数目。

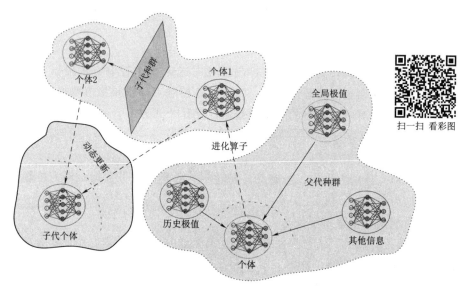

图 3.3　中期水文预报模型优选示意图

3.2.3　利用降雨集合预报信息开展中期水文滚动预报

中期水文预报可分为模型优选和模型预报两部分，其中模型优选部分主要用于确定模型结构及其相关计算参数，以获取较优的中期水文预报模型；模型预报部分利用优选的模型开展中期水文预报。由图 3.4 可知，系统整体流程可采用 $y = F(x, \theta)$ 抽象描述，其中 $F(\cdot)$、θ 分别表示预报模型及其参数，x、y 分别表示模型输入向量及相应输出向量。模型优选阶段需选定预报模型 $F(\cdot)$，并由有效历史资料构造样本（输入向量 x 及目标输出向量 y），率定获取最优模型参数 θ；模型预报阶段指由实测及预报数据构造向量 x 并输入 $F(\cdot)$，开展径流预报作业，对结果进行必要的校核处理等操作后即可发布预报径流信息 y。

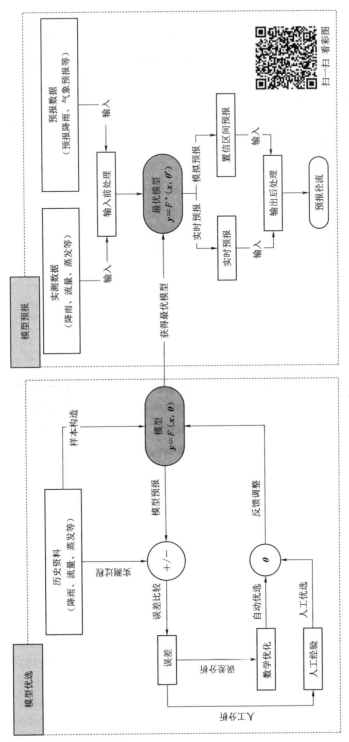

图 3.4　中期水文滚动预报流程图

　　利用 3.2.1～3.2.2 节的方法获得径流预报模型后即可开展耦合降雨集合预报的中期水文滚动预报,图 3.5 为滚动预报示意图。首先结合当前最新的降雨集合预报数据和历史实测资料构造模型输入向量获得径流预测值,然后将此预测值视为实际径流值构造新的输入向量,如此循环往复,即可得到不同预见期下的径流预报值。同时在实施过程中又可更新降雨预报数据,重复上述过程,滚动更新径流预测序列,便可形成"预报、更新、再预报、再更新"的滚动预报过程。这样既能考虑历史实测数据,又可充分利用最新预报信息,不断校正径流预报值,从而确保预报作业的时效性、连续性和一致性。本书以 1 天为单元开展滚动预报,模型输入向量所涉及的影响因子优先采用其实测值,若无实测数据则将预测值视为实际值输入模型开展预报作业,滚动预报模型如下式:

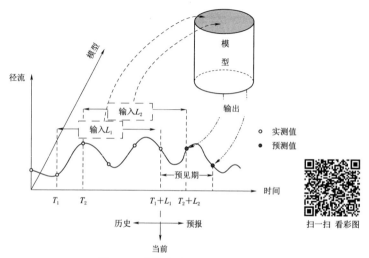

图 3.5　中期水文滚动预报示意图

$$
\begin{cases}
\widetilde{y}_t = F(\boldsymbol{x}, \boldsymbol{\theta}) \\
\boldsymbol{x} = \left[y'_{t-1}, \cdots, y'_{t-k}, \cdots, y'_{t-K}, R'_{t-1}, \cdots, R'_{t-l}, \cdots, R'_{t-L}, \sum_{o=1}^{O} y'_{t-o} \right]^{\mathrm{T}}, t = 1, 2, \cdots, T \\
\boldsymbol{\theta} = [K, L, N, \boldsymbol{\theta}_0]^{\mathrm{T}}
\end{cases}
$$

(3.7)

　　其中

$$
\begin{cases}
y'_{t-k} = \begin{cases} \widetilde{y}_{t-k} & \text{若}(t \geqslant k) \\ y_{t-k} & \text{其他} \end{cases} \\
R'_{t-l} = \begin{cases} \overline{R}_t & \text{若}(t \geqslant l), k = 1, 2, \cdots, K; l = 1, 2, \cdots, L; m = 1, 2, \cdots, M \\ R_{t-l} & \text{其他} \end{cases} \\
\overline{R}_t = \sum_{m=1}^{M} a_{t,m} \widetilde{R}_{t,m}
\end{cases}
$$

(3.8)

式中：T 为预见期；y'_{t-1}，…，y'_{t-k}，…，y'_{t-K} 表示 t 时刻径流受到 K 天对应径流影响；R'_{t-1}，…，R'_{t-l}，…，R'_{t-L} 表示 t 时刻径流与 L 天前的降雨密切相关；$\sum_{o=1}^{O} y'_{t-o}$ 为 t 时刻径流与 O 天的径流总和相关；θ_0 为人工神经网络结构参数；K、L 分别为前期径流、降雨的影响天数；O 为前期径流影响总天数；$\tilde{y}_t$、y_t 分别为 t 时刻的径流预报值与实测值；R_{t-1} 为 t 时刻的降雨实测值；$\overline{R}_t$ 为 t 时刻的降雨集合预报平均值；$\tilde{R}_{t,m}$、$a_{t,m}$ 为 t 时刻第 m 个降雨模式预报值及其权重系数。

3.3 中期水文滚动预报系统

3.3.1 系统框架

中期水文滚动预报系统是在水情数据平台、历史数据库、实时数据库、气象数据库及降雨集合预报发布中心等多种系统的共同支持下运行的，系统结构如图 3.6 所示。该系统严格遵循国家和行业相关的编码规范、传输方式和通信协议标准，以实用性、可靠性、开放性、扩展性、灵活性和安全性为设计准则，以系统决策理论、运筹学、高性能并行技术等理论方法为基础，对"基础信息管理、站点维护、特性分析、综合预报"等复杂业务逻辑实现了可视化交互式无缝操作。同时，考虑到关联信息具有广泛性、多元性及异构性，在系统研发设计中全面引入人机交互思想，以便用户在全预报流程中根据工程经验修正影响因子、模型结构及预测结果，进而提升径流预报精度，为水库的精细化调度运行提供高效可靠的科学依据。

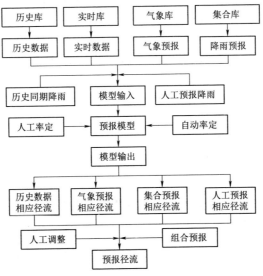

图 3.6 中期水文滚动预报系统结构框图

3.3.2　系统功能

中期水文滚动预报系统主要由降雨预报、模型优选、水文预报、报表管理 4 个模块组成，系统功能如图 3.7 所示，详细描述如下：

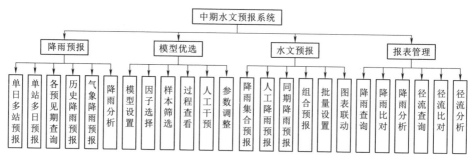

图 3.7　中期水文预报系统功能框图

（1）降雨预报。降雨预报提供气象降雨预报、单日多站预报、历史降雨预报、各预见期查询等多种功能模块，方便用户全方位多角度查询、对比分析降雨集合预报及实测降雨；同时提供可视化界面，方便对各水库控制点经纬度信息进行增加、删除等维护操作，以便为降雨集合预报文件解析服务。

（2）模型优选。用户可自定义影响因子及模型结构等参数，根据需求个性化选择率定及检验样本，并采用多线程技术训练网络，利用优化方法优选预报模型，系统以图、表等形式动态展示模型指标及预报结果，用户可随时暂停、恢复和停止计算，以提高模型的实用性与适用性。

（3）水文预报。水文预报提供可视化界面自定义预报降雨（如人工预报降雨、历史同期实测降雨及降雨集合预报信息）输入模型开展径流预报，直观显示各预报降雨及相应预报径流过程，并可对各预报结果批量设置权重以开展组合预报。同时为增强人机交互功能，系统采用基于 MVC 模式的图表联动技术实现预报结果的精细化调整。

（4）报表管理。可根据起止时间分别查询所选水库实测、预报降雨及径流结果，并且报表管理提供对比分析的功能，同时可将结果以 Excel 文档形式导出。

3.3.3　关键技术

3.3.3.1　利用多线程断点技术定时下载降雨集合预报文件

系统每天定时通过网络连接从远程服务器下载文件至气象本地服务器，采用断点下载技术快速批量下载最新文件，保证实时预报数据的同步更新，如图 3.8 所示。由于文件数量较多且容量较大，单线程下载耗时较长，难以满足系统时效性的要求，故采用多线程下载技术，以充分利用计算机系统资源，提高下载效率。系统开始下载后短时间内生成大量线程并发访问远程服务器，系统负载急剧上升，为改善系统综合性能表现、提高实时响应速度、保障系统健壮平稳运行，采用线程池模式对线程进行统一调度管理；下载过程中可能因网络、系统环境等引发文件传输中断，通过解析 HTTP 协议 RANGE 参数实现断点续传，避免数据重复下载，减少下载时间；若服务器现有文件得到更新或修改，采用增量式同步方式实现数据文件增量下载，保证文件的连续性、完整性和一致性。

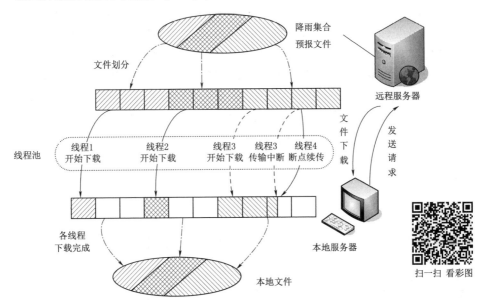

图 3.8　多线程断点下载示意图

　　为实现 CFS 文件自动下载，首先定义实现下载单线程 down thread、实时监视线程 monitor thread；由 monitor thread 实时监控远程服务器，若服务器文件发生变化或本地文件缺失则通知系统启动下载。下载指令到达后，系统读取配置文件，生成指定数目的 down thread 并交由线程池 thread pool 统一调度管理；主线程根据 URL connection 获取网络文件的长度、头部等相关信息，将文件分成与下载线程数目相应的文件块，并计算分配各 down thread 字节下载范围；各 down thread 通过输入流 input stream 读取下载数据信息，并采用 random access file 将其随机写入到本地文件；若线程下载中断，则重新生成新线程，从中断处继续下载。CFS 文件在所有线程完成后即可下载成功。

3.3.3.2　利用多核并行技术开展预报模型参数优选

　　流域特性受气候变化、人类活动的影响较大，下垫面等径流影响因素随时间推移不断变化；同时会有随机扰动因素影响系统发展趋势，静态的径流预报模型难以反映出这一变化趋势。系统若不能适应这些变化会导致模型预报精度逐渐降低，需不断利用最新数据对模型结构及参数进行在线辨识，优选当前最能反映径流特性的模型结构与参数。此外，随着水库数目及实测数据量的增加，模型计算规模急剧增长，若无高效的技术难以保证及时准确地开展径流预报模型优选。因此，系统采用基于 Fork/Join 框架的多核并行技术定期开展模型优选，保证优化计算的时效性、预报模型的适应性和径流预测的准确性。

　　Fork/Join 框架是基于分治策略处理海量数据计算、充分利用多核 CPU 计算能力的并行计算框架，基本思想是将难以直接求解的大规模问题分解为数个规模较小、相互独立且与原问题相同并可直接求解的子问题，通过组合各子问题解获得原问题解。系统实现水库尺度水文预报模型并行优选：将所有水库模型优选视为原问题，将单一水库模型结构的参数率定视为子任务，子任务采用群体智能算法优选径流预报模型；主线程在所有子任务计算完成后可获得所有水库的最优模型结构，进而开展滚动预报作业。多核并行技术如图 3.9 所示。

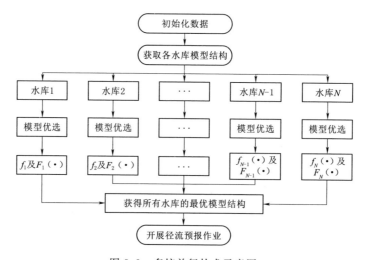

图 3.9　多核并行技术示意图

3.3.3.3　利用接口抽象技术实现系统多态定时事务

　　中期水文滚动预报系统涉及大量重复调用、属性各异（操作内容、执行时间、使用频次等）的定时数据统计计算与复杂业务操作，如每日凌晨自动还原计算前日区间流量及后期径流预报作业，以便为调度业务正常稳定运行服务；系统每天在 CFS 文件发布后将其下载至气象服务器，并解析获取各水库降雨预报数据，保证数据的连续性和一致性；定时向第三方系统（如水情系统）提取、发送业务数据，保证数据交互的准确性和时效性等。系统采用接口抽象技术实现业务的自定义调度管理，保证业务的灵活管理及其操作流程的规范统一，在此基础上开展基于自定义事务的径流滚动预报，不仅满足了各类业务操作的个性化需求，而且通过配置文件实现业务方式的多样化设置；既能维护事务的逻辑一致性、定时准确性，又可确保数据操作的原子性、一致性与隔离性。

定时任务是指通知系统到达指定时刻自动完成特定任务操作的程序，涉及任务配置、任务开始、任务执行、任务延时、任务终止等阶段。系统采用接口定义与对象抽象统一封装系统流程，子类只需实现业务逻辑，即可配置和调度定时任务。实现过程如下：首先定义定时任务通用接口并声明所需方法；然后通过实现该接口部分方法（如读取配置信息、指定任务流程等），派生出周期型（任务周期性执行，如每小时执行一次）及间歇型（任务间歇性执行，如每月一日执行一次）两种定时任务抽象类；应用时只需通过继承抽象类实现相应业务逻辑即可。本系统中各事务只需实现这两个抽象类便可满足需求，事务关系如图 3.10 所示。

3.3.3.4 工作流调度技术统一管理系统流程

中期预报系统涉及降雨集合预报文件的下载、解析与存储，与水情数据平台等第三方系统的数据交互、区间流量还原计算、气象预报数据的解析获取、径流滚动预报、报表自动统计等多组功能各异的事务，同时随着实际需求变化动态调整事务数量及业务逻辑。各事务在时间上表现为任务的并发、串行、交叉和耦合，如每日凌晨需从水情数据平台提取基础水情数据并启动最新发布文件下载，文件下载完成后方可开展解析工作；在空间上表现为复杂的嵌套、依赖、共存关系，如水文滚动预报事务中内嵌需数据交互事务支持的区间还原计算。如图 3.11 所示，系统根据工作流技术将事务抽象为任务（业务逻辑，如实现的功能需求）、资源（系统需求，如数据、文件和数据库等）、规则（事务属性，如启动时间），按照指定业务规则合理调度分配，保证任务的互相协调、高效运转，与资源的实时、可靠和安全配置，加速事务处理，提高系统性能。

系统受到外部条件触发（如定时任务加入、结束，模型结构变化等）后产生事务实例，根据事务深度嵌套次序生成相关事务实例集合，然后交由工作流引擎统一控制。工作流引擎由事务定义，调度完成任务所需系统资源，维护系统资源的操作流向，在事务生命周期结束后释放相关资源。各事务在执行过程中可能同时对同一资源（如径流预报数据）进行业务操作，利用任务锁保证事务并发及资源操作的原子性；为避免因实际业务、网络通信或用户交互等原因出现的操作错误，采用回滚机制及时恢复原有系统资源，确保操作的准确性、一致性。

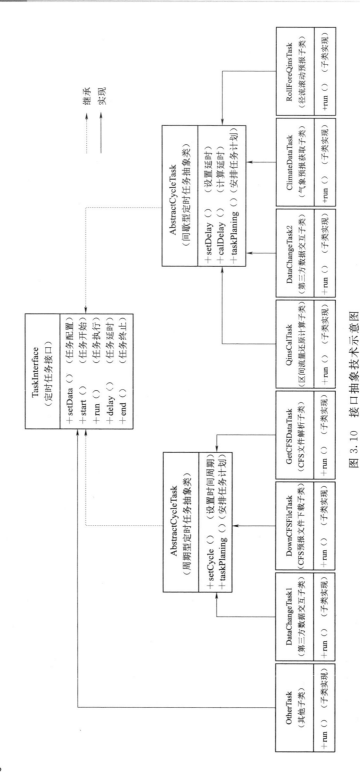

图 3.10 接口抽象技术示意图

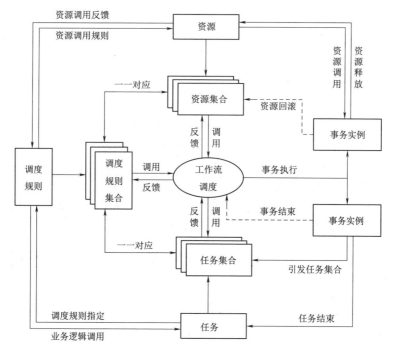

图 3.11　工作流调度技术示意图

3.4　工程应用

在此系统投运前，贵州电网通常利用气象部门发布的未来两天的定性降雨（无雨、小雨等）预报进行作业，因降水量级较为宽泛难以满足预报精度需求，也无法科学定量地指导各水库日常调度运行，迫切需要开发稳定可靠、实用性好、扩展性强的中期水文预报系统。"贵州电网水调自动化高级应用系统"主要任务是开发以耦合高精度气象信息的径流预报系统及变尺度优化调度系统为核心的水调高级应用软件。由于降雨集合预报文件包含全球范围的大尺度气象预报，经纬度分辨率较大，乌江、北盘江等流域控制面积在全球网格范围相对较小，如何从全球气象预报产品中解析获取乌江流域不同预测对象（洪家渡、洪东区间、东风等）在不同预见期下的降雨预报信息是必须解决的基础性工作。为此，本书研发了以 3.2 节为基础的中期水文预报系统，部分界面如图 3.12 所示，实现了高精度气象产品的自动下载、解析与存储，水文预报模型库构建，参数智能优选、实时交互式预报等全链条业务智能集成。实践表明：洪家渡、光照、大花水、普渡等多座水库的径流预报平均准确率较历史同期得到显著提升，为贵州电网水电系统调度计划编制提供了稳定可靠的技术支持，系统的稳定性、模型的有效性及结果的准确性得到用户充分认可。

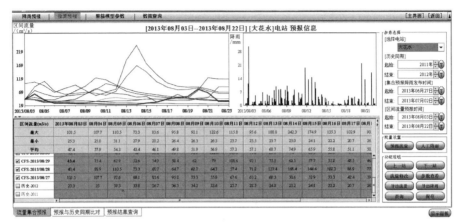

图 3.12　系统部分界面

扫一扫 看彩图

3.5　本章小结

　　本章提出耦合降雨集合预报的中期水文滚动预报方法并构建了实用化决策支持系统：首先采用多线程断点下载技术定时下载集合预报文件，然后利用时空降尺度方法解析获取水库的降雨集合预报信息，最后输入预报模型开展径流滚动预报，有效提升了降雨与径流预报的预见期和预报精度。同时，设计开发出稳定可靠、实用性好、扩展性强、灵活性高的中期水文滚动预报系统，并给出断点下载、接口抽象、工作流调度等决策支持系统研发过程中的关键支撑技术。贵州电网应用实践表明：所提方法可为水库及电网的经济运行提供稳定可靠的中期水文预报数据，具有较强的推广应用价值。本章仅利用降雨集合预报平均信息开展水文滚动预报作业，降雨与径流集合预报的不确定性分析将是下一步的研究内容。

第4章

基于进化极限学习机的短期水文预报方法

4.1 引言

精准可靠的水文预报信息对防治特大旱涝灾害、保障水资源高效利用、科学调度水利工程等方面极其重要。作为经典的数据驱动方法，基于梯度下降机制的单隐层前馈神经网络（single - hidden layer feedforward neural network，SLFNN）自产生以来就引起了研究人员的广泛关注，并在水文预报领域取得了较多研究成果。然而，传统 SLFNN 方法具有收敛速度慢、易陷入局部最优、计算参数难以确定等缺陷。为此，学者提出了新型单隐层前馈神经网络方法——极限学习机（extreme learning machine，ELM）。该方法在随机确定输入层与隐藏层之间的权值参数及偏置向量后，采用最小二乘原理直接推求输出权值矩阵，可以节省参数调整时间并避免参数（如终止条件和学习速率）设置，在很大程度上改善了网络性能和训练速度。然而，由于径流过程的内在非线性特征，ELM 方法在应用过程中仍存在易陷入局部最优的问题，因而十分有必要耦合数据处理技术构建新型水文预报方法以提高预测精度。

为此，本书提出了耦合变分模态分解（variational mode decomposition，VMD）方法和进化极限学习机的短期水文预报方法[57]。所提方法首先利用 VMD 进行水文数据序列前期处理，将复杂非线性径流序列划分为若干具有不同分辨率的分量序列，以减少径流过程的不稳定性；然后对各分量序列分别构建适用的 ELM 预测模型，同时利用正余弦算法（sine cosine algorithm，SCA）优选各 ELM 模型计算参数以提高泛化能力；最后将所有子模型输出结果叠加形成原序列对应预测结果。工程实例应用结果显示，所提方法具有更高的预报精度，能够为水文预报提供新型有效的技术模式。

4.2 短期水文预报模型

4.2.1 变分模态分解（VMD）

作为一种新颖的信号分解工具，VMD 认为原始复杂信号可以分解为若干具有不同中心频率与带宽的分量序列 IMF，其核心是对应变分问题的构造与求解，即寻求 k 个模态函数 $u(k)$ 使得各模态函数估计带宽之和最小，并且满足各模态之和等于原始信号的约束条件。VMD 具有精度高、收敛快和鲁棒性强等优势，在诸多领域得到广泛应用[58-60]。具体步骤如下：

（1）利用 Hilbert 变换计算得到各模态分量信号 $u(k)$ 的单边频率 $[\delta(t)+j/\pi t]\otimes u_k(t)$。

（2）将各模态函数对应解析信号的中心频率调整 $e^{-jw_k(t)}$、频谱转移至基带，记为 $[(\delta(t)+j/\pi t)\otimes u_k(t)]e^{-jw_k(t)}$。

（3）利用高斯平滑技术估算调整信号的各 IMF 带宽，得到如下约束变分优化问题：

$$\begin{cases} \min\limits_{u_k,w_k} \sum\limits_{k=1}^{K} \left\| \partial_t \left\{ \left[\delta(t)+\dfrac{j}{\pi t}\right] \otimes u_k(t) \right\} e^{-jw_k(t)} \right\|_2^2 \\ \text{s.t. } \sum\limits_{k=1}^{K} u_k(t) = f(t) \end{cases} \tag{4.1}$$

式中：$f(t)$ 为原始信号的第 t 个值；K 为分量序列总数；$u_k(t)$ 为第 k 个 IMF 模式中的第 t 个数据；$w_k(t)$ 为第 k 个模式的中心频率；$\delta(t)$ 为狄拉克分布；$\otimes$ 为卷积运算符。

（4）利用惩罚函数法和拉格朗日乘子法将上述问题转化为如下无约束问题：

$$L[u_k(t),w_k(t),\lambda] = a \sum_{k=1}^{K} \left\| \partial_t \left\{ \left[\delta(t)+\frac{j}{\pi t}\right] \otimes u_k(t) \right\} e^{-jw_k(t)} \right\|_2^2$$
$$+ \left\| f(t) - \sum_{k=1}^{K} u_k(t) \right\|_2^2 + \left\langle \lambda(t), f(t) - \sum_{k=1}^{K} u_k(t) \right\rangle \tag{4.2}$$

式中：a 和 λ 分别为惩罚函数系数和拉格朗日乘子。

（5）利用乘子交替方向算法动态更新 $u_k(t)$、$w_k(t)$ 和 $\lambda_k(t)$，直至满足终止条件，即 $\| \hat{u}_k^{n+1} - \hat{u}_k^n \|_2^2 \leqslant \| \hat{u}_k^n \|_2^2 \cdot \varepsilon$，其中 ε 为收敛精度。

$$\hat{u}_k^{n+1}(w) = \frac{\hat{f}(w) - \sum\limits_{i<k} \hat{u}_i^{n+1}(w) - \sum\limits_{i>k} \hat{u}_i^n(w) + 0.5\hat{\lambda}(w)}{1 + 2a(w - w_k^n)^2} \tag{4.3}$$

$$w_k^{n+1} = \frac{\int_0^\infty w \, | \hat{u}_k^{n+1}(w) |^2 \mathrm{d}w}{\int_0^\infty | \hat{u}_k^{n+1}(w) |^2 \mathrm{d}w} \tag{4.4}$$

$$\hat{\lambda}^{n+1}(w) = \hat{\lambda}^n(w) + \tau \left[\hat{f}(w) - \sum_{k=1}^{K} \hat{u}_k^{n+1}(w) \right] \tag{4.5}$$

式中：$\hat{f}(w)$、$\hat{u}_i(w)$、$\hat{\lambda}(w)$ 和 $\hat{u}_k^{n+1}(w)$ 分别为 $f(t)$、$u_i(t)$、$\lambda(t)$ 和

$\hat{u}_k^{n+1}(t)$ 的傅里叶变换；n 为迭代次数。

4.2.2 正余弦算法 (SCA)

1. 基本原理

作为新型随机优化算法，SCA 利用正弦、余弦函数的振荡特性引导种群逐步逼近目标问题的全局最优解，具有原理简单、易于实现等优点，已在水火协调、参数辨识、特征选择等诸多领域崭露头角[61-63]。从图 4.1 可以看出，SCA 优化过程可划分为探索阶段和开发阶段，通过参数自适应调整能够较好地提升种群搜索能力。在随机生成初始种群后，SCA 利用下式完成各个体的位置更新：

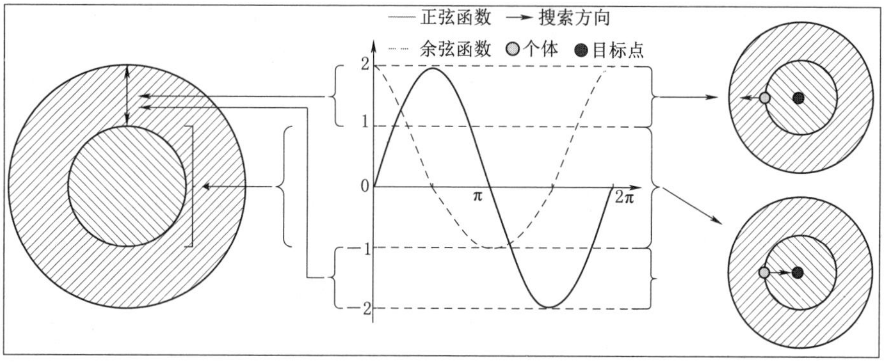

图 4.1   SCA 原理示意图

$$X_i^{k+1}=\begin{cases}X_i^k+r_1\times\sin(r_2)\times|r_3\times gBest^k-X_i^k|,&(r_4<0.5)\quad i\in[1,I]\\X_i^k+r_1\times\cos(r_2)\times|r_3\times gBest^k-X_i^k|,&(其他)\qquad k\in[1,K]\end{cases}$$

$$(4.6)$$

式中：X_i^k 为第 k 代第 i 个个体；K 为最大迭代次数；I 为个体数量；r_2、r_3 和 r_4 分别为在 $[0,2\pi]$、$[0,2]$ 和 $[0,1]$ 区间均匀分布的随机数；$r_1=2\times(1-k/\overline{k})$ 为线性递减函数，用于实现全局搜索与局部勘探的动态平衡，r_2 定义了个体远离或靠近目标位置的移动距离，r_3 对目标随机赋予权值，用于调整移动距离对个体的相对影响，r_4 用于实现正余弦函数算子在个体位置更新的等效切换；$gBest^k$ 为第 k 次迭代种群全局最优位置。

在越小越优问题中的更新公式为

$$gBest^k=\mathrm{argmin}\{F(X_1^k),\cdots,F(X_I^k),F(gBest^{k-1})\}\qquad(4.7)$$

式中：$F(X)$ 为个体 X 的适应度值。

2. 数值验证

为验证 SCA 有效性，选用粒子群算法（PSO）、差分进化（DE）和遗传算法（GA）等经典进化方法求解式（4.8）～式（4.11）所示函数。表 4.1 给出了各方法独立运行 20 次所得结果统计值。图 4.2 中绘制了 SCA 求解两变量函数的收敛过程。从表 4.1 可知，SCA 所得目标函数的统计值明显优于对比方法，如标准差和平均值远小于三种对比方法，充分展现了其优越性能。由图 4.2 可知，SCA 在进化初期所有个体在搜索空间随机分布，随迭代次数增加逐步收敛到靠近全局最优解的附近区域，使得目标值不断降低并最终收敛至全局最优。由此可知，SCA 具有良好的收敛速度和搜索性能，是一种求解复杂全局优化问题的有效工具。

$$\min F_1(x) = \sum_{i=1}^{n} x_i^2, \ x_i \in [-100,100], \ i=1,2,\cdots,10 \tag{4.8}$$

$$\min F_2(x) = \sum_{i=1}^{n} |x_i| + \prod_{i=1}^{n} |x_i|, \ x_i \in [-10,10], \ i=1,2,\cdots,10 \tag{4.9}$$

$$\min F_3(x) = \sum_{i=1}^{n} \left(\sum_{j=1}^{i} x_j\right)^2, \ x_i \in [-100,100], \ i=1,2,\cdots,10 \tag{4.10}$$

$$\min F_4(x) = \max\{|x_i|, 1 \leqslant i \leqslant n\}, \ x_i \in [-100,100], \ i=1,2,\cdots,10 \tag{4.11}$$

表 4.1　　　　　　　　　　不同方法的测试函数结果对比

函数	方法	最优值	中位数	平均值	最差值	标准差
F_1	GA	1.76×10^3	4.31×10^3	4.51×10^3	1.01×10^4	1.90×10^3
	DE	1.03×10^{-11}	7.17×10^{-11}	8.48×10^{-11}	2.72×10^{-10}	6.40×10^{-11}
	PSO	1.74×10^{-14}	9.72×10^{-13}	3.88×10^{-12}	3.45×10^{-11}	7.91×10^{-12}
	SCA	4.70×10^{-38}	3.83×10^{-33}	2.15×10^{-28}	2.28×10^{-27}	5.90×10^{-28}
F_2	GA	7.65×10^0	1.92×10	2.12×10	3.39×10	6.99×10^0
	DE	9.54×10^{-8}	3.69×10^{-7}	3.65×10^{-7}	6.27×10^{-7}	1.52×10^{-7}
	PSO	7.15×10^{-8}	2.75×10^{-7}	4.20×10^{-7}	2.07×10^{-6}	4.41×10^{-7}
	SCA	1.40×10^{-24}	5.50×10^{-22}	8.43×10^{-20}	9.03×10^{-19}	2.18×10^{-19}
F_3	GA	1.14×10^3	4.17×10^3	5.45×10^3	1.36×10^4	3.64×10^3
	DE	8.87×10^0	4.37×10	4.19×10	1.05×10^2	2.33×10
	PSO	7.19×10^{-5}	5.14×10^{-4}	8.86×10^{-4}	5.14×10^{-3}	1.14×10^{-3}
	SCA	2.17×10^{-21}	9.64×10^{-10}	2.10×10^{-6}	4.11×10^{-5}	9.18×10^{-6}
F_4	GA	1.68×10	4.61×10	4.65×10	7.17×10	1.49×10
	DE	9.48×10^{-3}	1.67×10^{-2}	1.91×10^{-2}	4.13×10^{-2}	8.02×10^{-3}
	PSO	9.20×10^{-5}	5.50×10^{-4}	6.76×10^{-4}	2.14×10^{-3}	4.74×10^{-4}
	SCA	1.09×10^{-13}	4.76×10^{-9}	1.66×10^{-6}	1.61×10^{-5}	4.00×10^{-6}

4.2.3　极限学习机（ELM）

ELM 是一种新型的单隐层前馈神经网络训练方法，其基本思想是：假定隐藏层激活函数无限可微，则在随机设置输入权重与隐层阈值后，单隐层前馈神经网络转化为经典线性系统，此时可通过矩阵运算理论直接确定输出权重，有效规避传统梯度学习算法存在的过拟合、参数设置困难等不

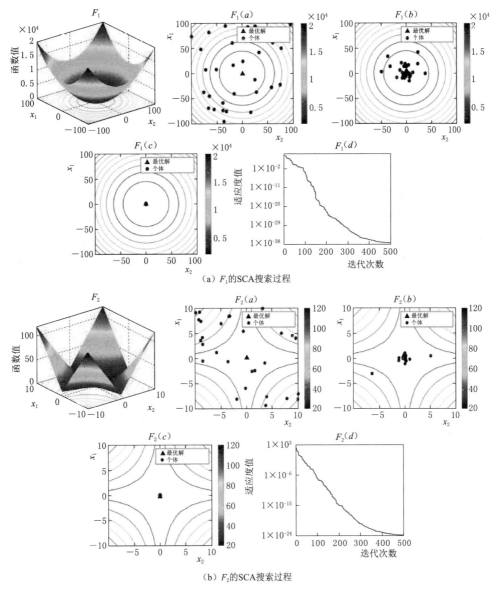

（a）F_1的SCA搜索过程

（b）F_2的SCA搜索过程

图 4.2（一）　SCA 搜索过程示意图

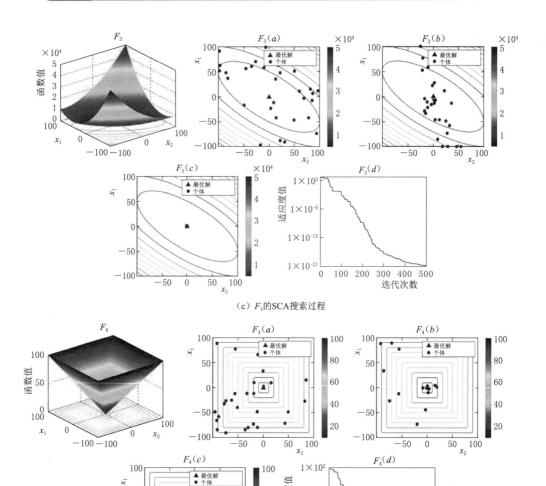

（c）F_3的SCA搜索过程

（d）F_4的SCA搜索过程

扫一扫 看彩图

图 4.2（二） SCA 搜索过程示意图

足，同时显著提升模型训练效率与泛化能力[64-66]。不失一般性，设定 ELM 模型有 n 个输入节点，L 个隐层节点和 m 个输出节点，则 N 个训练样本均可表示为

$$\sum_{l=1}^{L} \beta_l g_l(x_k) = \sum_{l=1}^{L} \beta_l \cdot g_l(w_l \cdot x_k + b_l) = t_k, \quad k = 1, 2, \cdots, N \quad (4.12)$$

式中：x_k、t_k 分别为第 k 个样本的输入和输出向量；w_l、β_l 分别为第 l 个隐层节点的输入与输出权向量；b_l 为第 l 个隐层节点的阈值；$g_l(\cdot)$ 为激活函数。

单隐层前馈神经网络的训练过程等价于求线性系统 $\boldsymbol{H}\hat{\boldsymbol{\beta}}=\boldsymbol{T}$ 的最小二乘解。基于矩阵运算理论，隐层输出权矩阵表示如下：

$$\hat{\boldsymbol{\beta}}=\boldsymbol{H}^{+}\boldsymbol{T} \tag{4.13}$$

其中

$$\boldsymbol{H}=\begin{bmatrix} g(\boldsymbol{w}_1 \cdot \boldsymbol{x}_1+b_1) & \cdots & g(\boldsymbol{w}_L \cdot \boldsymbol{x}_1+b_L) \\ \vdots & \cdots & \vdots \\ g(\boldsymbol{w}_1 \cdot \boldsymbol{x}_N+b_1) & \cdots & g(\boldsymbol{w}_L \cdot \boldsymbol{x}_N+b_L) \end{bmatrix}_{N \times L}, \quad \boldsymbol{T}=\begin{bmatrix} \boldsymbol{t}_1^T \\ \vdots \\ \boldsymbol{t}_N^T \end{bmatrix}_{N \times m}$$

$$\tag{4.14}$$

式中：$\boldsymbol{H}^{+}$ 为隐层输出矩阵 $\boldsymbol{H}$ 的 Moore–Penrose 广义逆矩阵。

综上所述，ELM 网络权值计算流程分为以下三步：①确定隐层神经元激活函数，并随机产生输入权向量和隐层节点的阈值；②计算网络隐层输出矩阵 $\boldsymbol{H}$；③计算输出权向量 $\hat{\boldsymbol{\beta}}=\boldsymbol{H}^{+}\boldsymbol{T}$。通过上述方式，ELM 不仅能达到最小训练误差，而且比传统的梯度下降算法泛化能力更强[67-69]。

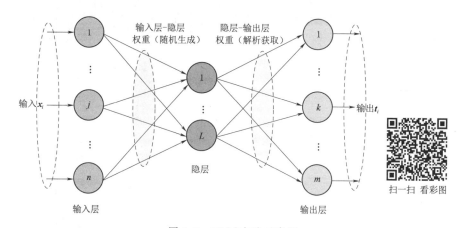

图 4.3　ELM 方法示意图

4.2.4　混合预测方法

基于上述方法分析，本节提出一种耦合 VMD、ELM 和 SCA 性能优势的混合预测方法。图 4.4 为方法流程示意图，详细计算步骤如下：

（1）采用 VMD 方法将原始径流序列分解为若干不同特征信息的分量序列。

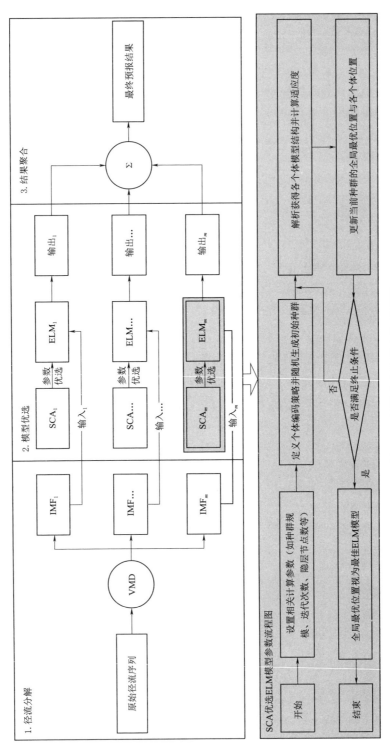

图 4.4　短期水文预报方法示意图

（2）对每个分量序列分别选定影响因子集合，然后运用 SCA 方法优选获得合适的 ELM 模型以科学预测各分量序列。各分量序列模型训练过程如下：

1）对原始数据序列归一化处理得到训练集和测试集。

2）设置 SCA 方法中计算参数取值，包括种群规模 I 和最大迭代次数 K；

3）设置 ELM 模型隐层节点数量 L 和激活函数 $g(x)$。本节选用选择经典的 sigmoid 函数作为激活函数，具体表达式如下：

$$g(x)=1/(1+\mathrm{e}^{-x}) \tag{4.15}$$

4）令计数器 $k=1$，定义个体编码策略并随机生成初始种群。此时，单一个体决策变量由隐层所有节点的偏差、输入层-隐藏层的权重向量组成，则第 k 次迭代个体 i 的位置 X_i^k 为

$$\boldsymbol{X}_i^k=\left[\boldsymbol{w}_{1,(i,k)}^T,\cdots,\boldsymbol{w}_{l,(i,k)}^T,\cdots,\boldsymbol{w}_{L,(i,k)}^T,b_{1,(i,k)},\cdots,b_{l,(i,k)},\cdots,b_{L,(i,k)}\right] \tag{4.16}$$

式中：$\boldsymbol{w}_l$、b_l 分别为第 l 个隐节点的输入权向量和偏差。

5）计算得到各个体的适应度值，具体公式为

$$F\left[\boldsymbol{X}_i^k\right]=\sqrt{\frac{1}{N}\sum_{s=1}^N \left\| \boldsymbol{t}_s-\sum_{l=1}^L \hat{\boldsymbol{\beta}}_l g(\boldsymbol{w}_{l,(i,k)},b_{l,(i,k)},\boldsymbol{x}_s) \right\|_2^2} \tag{4.17}$$

其中

$$\hat{\boldsymbol{\beta}}=\boldsymbol{H}_{(i,k)}^+\boldsymbol{T}$$

$$\boldsymbol{H}_{(i,k)}=\begin{bmatrix} g(\boldsymbol{w}_{1,(i,k)},b_{1,(i,k)},\boldsymbol{x}_1) & g(\boldsymbol{w}_{2,(i,k)},b_{2,(i,k)},\boldsymbol{x}_1) & \cdots & g(\boldsymbol{w}_{L,(i,k)},b_{L,(i,k)},\boldsymbol{x}_1) \\ g(\boldsymbol{w}_{1,(i,k)},b_{1,(i,k)},\boldsymbol{x}_2) & g(\boldsymbol{w}_{2,(i,k)},b_{2,(i,k)},\boldsymbol{x}_2) & \cdots & g(\boldsymbol{w}_{L,(i,k)},b_{L,(i,k)},\boldsymbol{x}_2) \\ \vdots & \vdots & \cdots & \vdots \\ g(\boldsymbol{w}_{1,(i,k)},b_{1,(i,k)},\boldsymbol{x}_N) & g(\boldsymbol{w}_{2,(i,k)},b_{2,(i,k)},\boldsymbol{x}_N) & \cdots & g(\boldsymbol{w}_{L,(i,k)},b_{L,(i,k)},\boldsymbol{x}_N) \end{bmatrix}_{N\times L} \tag{4.18}$$

式中：$\boldsymbol{x}_s$、$\boldsymbol{t}_s$ 分别为第 s 个样本的输入、输出向量；N 为样本数量；$\boldsymbol{H}_{(i,k)}$ 为个体 $\boldsymbol{X}_i^k$ 的隐层输出矩阵；$\boldsymbol{H}_{(i,k)}^+$ 为矩阵 $\boldsymbol{H}_{(i,k)}$ 的 Moore-Penrose 广义逆矩阵。

6）使用式（4.7）获取当前种群全局最优解，采用式（4.6）更新种群所有个体位置。

7）令 $k=k+1$。若 $k\leqslant K$，则转至步骤 5）；否则停止计算，将全局最优位置视为 ELM 模型的最佳输入参数，并采用矩阵运算理论获得隐层输出权向量，进而获得预测模型。

（3）将所有模型的输出值叠加形成原始径流序列的最终预测结果。

4.3　工程应用

汉江流域在我国的防洪和供水等方面具有十分突出的地位，江汉平原是我国重要的粮食生产基地。为了保障汉江流域的防洪安全、兴利调度和南水

北调中线工程的顺利进行，提供精准的汉江流域短期水文预报具有重大的现实意义。本节采用丹江口水库来检验本文方法的可行性。作为亚洲已建最大的人工淡水湖和南水北调中线工程水源地，丹江口水库总库容 319.5 亿 m^3，集水面积 9.52 万 km^2，年均径流量 379 亿 m^3。在日常调度运行中，丹江口水库需要兼顾防洪、供水、发电、调峰和水产养殖等综合利用需求，在国民社会经济发展中发挥着十分重要的作用。为满足流域经济快速发展需求，丹江口水库上游地区近年来陆续建成多个具有一定调节能力的中小型水利工程设施，改变了流域产汇流机制，增大了水文预报困难。

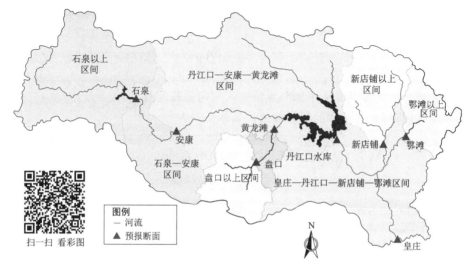

图 4.5　丹江口水库地理位置示意图

　　VMD 分解结果对分量序列数目 I 的变化存在一定差异：I 值偏小，则分量复杂度低；I 值偏大，则分量平稳性差。因此，需要预选确定合理的分层数目以保证模型预测精度。根据前期实验结果，本节选定 $I=10$ 以确保信号分解结果的保真度。图 4.6 为对丹江口水库短期径流序列 VMD 分解结果。可以发现，各分量序列具有良好的周期性，且浮动范围、中心频率均有明显差异，未发生明显混叠现象。由此可知，VMD 可将波动径流序列分解为若干复杂程度低、周期性强的分量序列，降低了径流预测难度。

　　合理的输入因子集合有助于精确捕捉蕴含于非线性时间序列的内在特性，从而提高预测模型的性能，但时至今日尚未形成国际公认的输入因子确定方法。为此，本节首先选定 10 种不同的输入因子构造方案，具体方案见表 4.2，其中 $f(\cdot)$ 为待开发的预报模型，d 为影响因子数目；而后对每组方案分别驱动 3 种具有不同隐层节点数目（$1d$、$2d$ 和 $3d$）的 ELM 模型进行预测，并从中比较选取最佳预测模型结构。

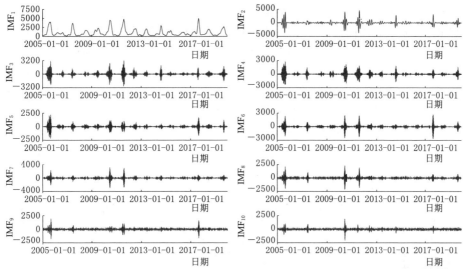

图 4.6 丹江口水库短期径流序列

扫一扫 看彩图

表 4.2   丹江口水库不同输入变量组合

名称	前期变量数目 d	模 型 结 构
M1	2	$y(t) = f(y(t-1), y(t-2))$
M2	3	$y(t) = f(y(t-1), y(t-2), y(t-3))$
M3	4	$y(t) = f(y(t-1), y(t-2), y(t-3), y(t-4))$
M4	5	$y(t) = f(y(t-1), y(t-2), y(t-3), y(t-4), y(t-5))$
M5	6	$y(t) = f(y(t-1), y(t-2), y(t-3), y(t-4), y(t-5), y(t-6))$
M6	7	$y(t) = f(y(t-1), y(t-2), y(t-3), y(t-4),$ $y(t-5), y(t-6), y(t-7))$
M7	8	$y(t) = f(y(t-1), y(t-2), y(t-3), y(t-4), y(t-5),$ $y(t-6), y(t-7), y(t-8))$
M8	9	$y(t) = f(y(t-1), y(t-2), y(t-3), y(t-4), y(t-5),$ $y(t-6), y(t-7), y(t-8), y(t-9))$
M9	10	$y(t) = f(y(t-1), y(t-2), y(t-3), y(t-4), y(t-5),$ $y(t-6), y(t-7), y(t-8), y(t-9), y(t-10))$
M10	11	$y(t) = f(y(t-1), y(t-2), y(t-3), y(t-4), y(t-5),$ $y(t-6), y(t-7), y(t-8), y(t-9), y(t-10), y(t-11))$

  为验证所提方法的有效性，本书以前述方法分别开发了 3 种预测模型，即标准 ELM 模型、VMD - ELM 模型和混合预测模型。其中，VMD - ELM

模型表示将径流序列经 VMD 分解后，采用标准 ELM 模型进行预测。表 4.3 给出了不同 ELM 模型的结果统计信息。可以看出，ELM 模型性能随着输入因子、隐层节点数目的改变均有明显变化，充分展示了模型结构的重要性。例如，在输入因子 M1 情景中，具有 6 隐层节点的 ELM 模型在训练集表现较好；在输入因子 M6 情景中，具有 14 隐层节点的 ELM 模型能够获得较好的指标。经综合考虑，最终选择第 10 个方案（涉及 5 个输入因子、5 个隐层节点）对应的 ELM 模型开展预测。

表 4.3　　　　　　　　丹江口水库不同 ELM 模型结果比较

方案	模型名称	模型结构	训练集 RMSE	训练集 MAPE	训练集 CC	训练集 NSE	测试集 RMSE	测试集 MAPE	测试集 CC	测试集 NSE
1	M1	2-2-1	1092.404	63.654	0.778	0.606	689.091	62.901	0.844	0.709
2	M1	2-4-1	963.739	62.299	0.833	0.693	619.174	61.145	0.876	0.765
3	M1	2-6-1	881.417	43.093	0.862	0.743	582.514	43.783	0.890	0.792
4	M2	3-3-1	898.108	53.273	0.856	0.734	606.192	52.876	0.880	0.775
5	M2	3-6-1	1066.521	106.379	0.796	0.624	731.766	100.786	0.820	0.671
6	M2	3-9-1	1002.750	50.165	0.818	0.668	660.741	51.174	0.856	0.732
7	M3	4-4-1	875.414	59.387	0.864	0.747	626.074	58.059	0.876	0.760
8	M3	4-8-1	867.656	46.591	0.867	0.751	590.755	46.894	0.887	0.786
9	M3	4-12-1	841.488	43.871	0.875	0.766	578.058	44.111	0.892	0.795
10	M4	5-5-1	806.785	43.924	0.886	0.785	593.507	44.244	0.886	0.784
11	M4	5-10-1	916.600	51.143	0.850	0.722	609.188	51.698	0.879	0.772
12	M4	5-15-1	873.458	48.670	0.865	0.748	597.547	47.928	0.884	0.781
13	M5	6-6-1	854.385	43.447	0.871	0.759	591.765	43.604	0.886	0.785
14	M5	6-12-1	929.501	57.819	0.845	0.715	609.762	57.829	0.879	0.772
15	M5	6-18-1	847.815	49.568	0.873	0.763	611.625	49.078	0.883	0.771
16	M6	7-7-1	960.322	48.296	0.834	0.695	656.131	46.115	0.858	0.736
17	M6	7-14-1	869.512	47.646	0.866	0.750	610.980	47.627	0.878	0.771
18	M6	7-21-1	873.726	48.898	0.866	0.748	701.263	47.914	0.837	0.698
19	M7	8-8-1	962.773	62.223	0.833	0.694	674.531	60.406	0.849	0.721
20	M7	8-16-1	964.824	68.418	0.835	0.692	625.274	65.855	0.874	0.760
21	M7	8-24-1	845.785	51.115	0.874	0.764	616.682	48.974	0.876	0.767
22	M8	9-9-1	861.674	46.916	0.869	0.755	622.032	46.480	0.875	0.763
23	M8	9-18-1	1004.568	55.120	0.817	0.667	620.922	54.312	0.875	0.763
24	M8	9-27-1	884.118	55.341	0.861	0.742	616.053	52.945	0.876	0.767

续表

方案	模型		训 练 集				测 试 集			
	名称	结构	RMSE	MAPE	CC	NSE	RMSE	MAPE	CC	NSE
25		10 - 10 - 1	833.258	47.496	0.878	0.771	591.752	47.004	0.889	0.785
26	M9	10 - 20 - 1	822.776	46.350	0.881	0.776	608.337	45.166	0.882	0.773
27		10 - 30 - 1	936.344	55.497	0.843	0.710	636.393	56.698	0.867	0.752
28		11 - 11 - 1	827.945	47.826	0.880	0.774	625.385	47.790	0.875	0.760
29	M10	11 - 22 - 1	911.977	44.802	0.852	0.725	621.288	44.346	0.874	0.763
30		11 - 33 - 1	865.356	47.152	0.868	0.753	621.615	47.058	0.874	0.763

表 4.4 给出了不同方法在训练集和测试集的结果统计信息。可以看出，传统自回归移动平均（auto regressive moving average，ARMA）模型明显劣于人工智能方法，表明了非线性径流序列预报模型的重要性；所提方法在不同阶段的统计指标均明显优于其他方法，表明三种方法动态集成的优越性和有效性。例如，在训练集，所提方法将 ELM 和 VMD-ELM 的相关系数分别提高约 5.5% 和 12.0%；在测试集，所提方法将 ELM 的 MAPE 和 RMSE 指标分别降低约 50.4% 和 45.6%。由此可知，所提方法的预报精度相比于标准 ELM 方法均有明显提升，是一种有效可行的短期径流预报方法。

表 4.4　　　　　　　　丹江口水库不同方法结果比较

方 法	训 练 集				测 试 集			
	RMSE	MAPE	CC	NSE	RMSE	MAPE	CC	NSE
所提方法	448.081	14.483	0.976	0.934	240.654	14.006	0.986	0.964
VMD - ELM	660.458	36.258	0.926	0.856	485.957	37.914	0.925	0.855
改善/%	32.16	60.06	5.40	9.11	50.48	63.06	6.59	12.75
ELM	806.785	43.924	0.886	0.785	593.507	44.244	0.886	0.784
改善/%	44.46	67.03	10.16	18.98	59.45	68.34	11.29	22.96
ANN	894.109	39.4	0.863	0.736	585.885	40.25	0.892	0.789
改善/%	49.89	63.24	13.09	26.90	58.92	65.20	10.54	22.18
SVM	881.961	38.441	0.872	0.743	604.93	39.717	0.892	0.776
改善/%	49.19	62.32	11.93	25.71	60.22	64.74	10.54	24.23
ARMA	1140.977	36.985	0.787	0.570	775.606	39.570	0.836	0.631
改善/%	60.73	60.84	24.02	63.86	68.97	64.60	17.94	52.77

图 4.7 为不同预测方法在测试集的拟合结果对比。可以发现，不同方法均能有效跟踪实测径流序列变化趋势，展现良好的预测能力；但在高峰流量时段 ELM 等对比方法具有更大的离散性，而所提方法的拟合线段更接近理想

情况，优势明显，充分说明预测方法的重要性。由此可知，所提方法在丹江口水库短期径流预测具有优越的应用效果。

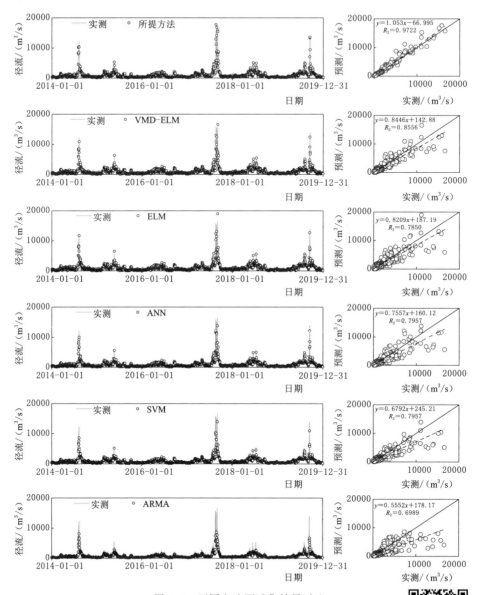

图 4.7　不同方法测试集结果对比

4.4　本章小结

扫一扫 看彩图

本章提出了耦合变分模态分解和极限学习机的短期水文预报方法：首先利用变分模态分解方法将原始径流数据分解为若干相对平稳、互不相交的分量序列；然后采用进化极限学习机模型科学辨识各分量序列的动态演化过程；最后将各模型重建获得原始序列相应预测信息。实例应用结果表明，所提方法能够通过提取径流序列中隐含的多时空尺度信号，实现了非线性水文序列数据的降噪处理；同时采用进化算法优选计算参数，提高了模型的泛化能力，进而显著提高了模型预测精度，可为短期水文预测研究工作提供良好的参考意义。

第 5 章

集成孪生支持向量机与合作
搜索算法的智能水文预报方法

5.1 引言

作为基于 VC 维和结构风险最小化原理的经典人工智能方法，SVM 将复杂优化问题转换为特定的二次规划问题，在高维空间中构建非线性映射函数实现特征辨识，能够有效保证全局收敛性和良好泛化能力，在处理小样本、高维度、非线性、多局部极值问题中表现优越，但其运算量随训练样本数目增长迅猛，计算复杂度较高，影响了在大规模问题中的应用实践。为提升 SVM 性能，学者提出了孪生支持向量回归机（twin support vector machine，TSVM），该方法首先将训练数据集划分为两个相对独立的训练子集，而后分别选择合适的损失函数来构建非平行超平面，能够在保证模型精度的同时显著降低计算复杂度，使其迅速成为 SVM 理论研究与工程实践领域的关注热点，但目前在水文预报的应用尚不多见。

为此，本书尝试将 TSVM 引入水文预报领域，工程实践中发现 TSVM 性能受相关参数影响较大，传统的网格遍历搜索模式存在计算开销较大、易陷入局部最优等缺陷，极大降低模型训练效率和预报精度，无法满足复杂工程需求，亟须构建更为有效的参数辨识方法。合作搜索算法（cooperation search algorithm，CSA）是一种基于现代企业治理、团队管理等协作机制的新兴群体智能算法，具有原理简单、易于实现、寻优效率高、鲁棒性强等优点，已在水库调度、负荷预测等领域得到广泛应用，但在 TSVM 参数优选问题中的研究成果尚未见诸报道。基于上述分析，本文提出了合作搜索算法优化的水文预报孪生模型[70]，并引入自适应噪声完备集合经验模态分解（compete ensemble empirical mode decomposition with adaptive noise，CEEMDAN）作为特征提取方法，以提升模型泛化能力和预报精度。工程应用结果验证了所提方法的高效性与实用性，可为水文预报提供切实可用的新型方法。

5.2　智能水文预报模型

5.2.1　自适应噪声完备集合经验模态分解（CEEMDAN）

如前所述，EMD 是一种利用特征分解技术处理典型非平稳信号的数据分解技术，其能够将原始信号划分为频率和振幅具有明显差别的 IMF，使得每个基本模态分量中各成分的数据特征尽量相同，不同基本模态分量中的各成分数据特征尽可能不同。然而，实践发现经 EMD 方法分解得到的 IMF 常存在模态混叠现象。针对模态混叠问题，后来学者提出了聚合经验模态分解（EEMD）、互补聚合经验模态分解等方法，通过向原始信号中加入一定幅值的白噪声以抑制模态混叠现象。尽管 EEMD 可以在一定程度上缓解模态混叠现象，但所添加的白噪声会降低原数据信噪比，导致最终分解结果不尽理想。为进一步解决此问题，国内外学者提出了 CEEMDAN 方法，在分解过程中自适应添加白噪声信息，并对不同修正序列的 IMF 分量进行集合平均，实现对原始信号的精确重构，有效避免了模态混叠问题，提高了分解效率[71-73]。算法步骤如下：

步骤 1：向原始信号 $S(t)$ 添加高斯白噪声构建不同的修正序列。

$$S^i(t)=S(t)+\varepsilon_0 v^i(t), i=1,2,\cdots,I \tag{5.1}$$

式中：I 为修正次数；$S^i(t)$、$v^i(t)$ 分别为第 i 个修正信号与白噪声；ε_0 为高斯白噪声的权值系数。

步骤 2：对 I 个修正信号 $S^i(t)$ 依次进行 EMD 分解，分别得到第一组模态分量 $IMF_1^i(t)$；而后将所有 $IMF_1^i(t)$ 的均值作为 CEEMDAN 的第一组模态分量 $\widehat{IMF}_1(t)$。

$$\widehat{IMF}_1(t)=\frac{1}{I}\sum_{i=1}^{I}IMF_1^i(t) \tag{5.2}$$

$$r_1(t)=S(t)-\widehat{IMF}_1(t) \tag{5.3}$$

式中：$r_1(t)$ 为 CEEMDAN 第 1 次分解后的余量信号。

步骤 3：对第 k 阶段余量信号继续进行 EMD 分解，得到 CEEMDAN 对应的模态分量。

$$\begin{cases}\widehat{IMF}_k(t)=\dfrac{1}{I}\sum_{i=1}^{I}\Theta_1[r_{k-1}(t)+\varepsilon_{k-1}\cdot\Theta_{k-1}(v^i(t))]\\ r_k(t)=r_{k-1}(t)-\widehat{IMF}_k(t)\end{cases} \tag{5.4}$$

式中：$\widehat{IMF}_k(t)$ 为 CEEMDAN 的第 k 个模态分量；$\Theta_{k-1}(v^i(t))$ 为对序列 $v^i(t)$ 进行 EMD 分解得到的第 $k-1$ 个模态分量；$r_k(t)$ 为 CEEMDAN 第 k 次分解后的余量信号。

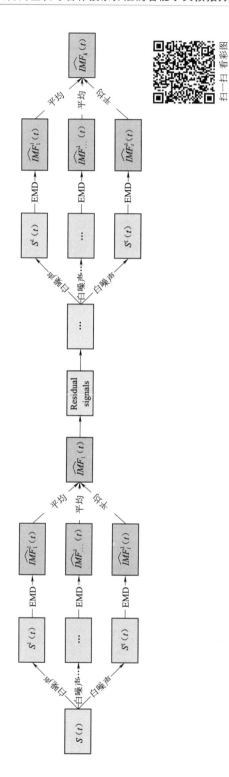

图 5.1　CEEMDAN 方法示意图

扫一扫 看彩图

步骤 4：重复上述步骤直至满足终止条件，此时余量信号可表示为

$$R(t) = S(t) - \sum_{k=1}^{K} IMF_k(t) \qquad (5.5)$$

由此可知，CEEMDAN 方法是完备的，能够精确重构出原始信号 $S(t)$，如下所示：

$$S(t) = R(t) + \sum_{k=1}^{K} IMF_k(t) \qquad (5.6)$$

5.2.2　孪生支持向量机（TSVM）

设定训练集 $\{(\boldsymbol{x}_i, y_i)\}_{i=1}^{m}$，其中 $\boldsymbol{x}_i \in R^n$、$y \in R$ 分别表示第 i 个样本的输入向量、输出变量，n 表示输入向量维数，m 表示样本总数。采用矩阵 $\boldsymbol{A} \in \boldsymbol{R}^{m \times n}$ 和输出向量 $\boldsymbol{Y} = [y_1, \ y_2, \ \cdots, \ y_m]^T$ 表示 n 维空间中的 m 个样本，其中 $\boldsymbol{A}$ 的第 i 行表示为 $\boldsymbol{x}_i^T$。为有效处理复杂回归问题，TSVM 采用非线性核函数将输入向量映射至高维空间[74-76]，而后在数据点集两侧分别产生图 5.2 所示的两个非平行函数，形成上边界回归函数 $f_2(\boldsymbol{x})$、下边界回归函数 $f_1(\boldsymbol{x})$，此时有

$$f_1(\boldsymbol{x}) = K(\boldsymbol{x}^T, \boldsymbol{A}^T)\boldsymbol{w}_1 + b_1 \qquad (5.7)$$

$$f_2(\boldsymbol{x}) = K(\boldsymbol{x}^T, \boldsymbol{A}^T)\boldsymbol{w}_2 + b_2 \qquad (5.8)$$

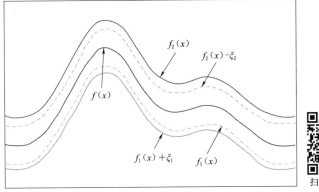

扫一扫　看彩图

图 5.2　TSVM 方法示意图

在此基础上，分别构造下面两组优化问题

$$\begin{cases} \min \dfrac{1}{2} \| \boldsymbol{Y} - e\varepsilon_1 - [K(\boldsymbol{A}, \boldsymbol{A}^T)\boldsymbol{w}_1 + eb_1] \|^2 + C_1 \boldsymbol{e}^T \boldsymbol{\xi} \\ \text{s.t. } \boldsymbol{Y} - [K(\boldsymbol{A}, \boldsymbol{A}^T)\boldsymbol{w}_1 + eb_1] \geqslant e\varepsilon_1 - \boldsymbol{\xi}, \boldsymbol{\xi} \geqslant 0 \end{cases} \qquad (5.9)$$

$$\begin{cases} \min \dfrac{1}{2} \| \boldsymbol{Y} + e\varepsilon_2 - [K(\boldsymbol{A}, \boldsymbol{A}^T)\boldsymbol{w}_2 + eb_2] \|^2 + C_2 \boldsymbol{e}^T \boldsymbol{\eta} \\ \text{s.t. } [K(\boldsymbol{A}, \boldsymbol{A}^T)\boldsymbol{w}_2 + eb_2] - \boldsymbol{Y} \geqslant e\varepsilon_2 - \boldsymbol{\eta}, \boldsymbol{\eta} \geqslant 0 \end{cases} \qquad (5.10)$$

式中：$\|\cdot\|$ 为 L_2 范数；C_1、C_2 为惩罚系数；ε_1、ε_2 为常数项；$\boldsymbol{\xi}$、$\boldsymbol{\eta}$ 为松弛向量；e 为单位列向量；$K(\cdot)$ 为核函数。

引入拉格朗日乘子，则式（5.9）的拉格朗日函数可表示为

$$L(w_1,b_1,a,\boldsymbol{\beta})=\frac{1}{2}\|Y-e\varepsilon_1-[K(A,A^{\mathrm{T}})w_1+eb_1]\|^2+C_1e^{\mathrm{T}}\boldsymbol{\xi}$$
$$-a^{\mathrm{T}}(Y-[K(A,A^{\mathrm{T}})w_1+eb_1]-e\varepsilon_1+\boldsymbol{\xi})-\boldsymbol{\beta}^{\mathrm{T}}\boldsymbol{\xi}$$

$$(5.11)$$

根据 Karush-Kuhn-Tucker（KKT）条件，可以获得如下方程：

$$K(A,A^{\mathrm{T}})^{\mathrm{T}}a-K(A,A^{\mathrm{T}})^{\mathrm{T}}(Y-K(A,A^{\mathrm{T}})w_1-e\varepsilon_1-eb_1)=0 \quad (5.12)$$

$$e^{\mathrm{T}}a-e^{\mathrm{T}}(Y-K(A,A^{\mathrm{T}})w_1-eb_1-e\varepsilon_1)=0 \quad (5.13)$$

$$C_1e-a-\boldsymbol{\beta}=0 \quad (5.14)$$

$$Y-(K(A,A^{\mathrm{T}})w_1+eb_1)\geqslant e\varepsilon_1-\boldsymbol{\xi},\boldsymbol{\xi}\geqslant 0 \quad (5.15)$$

$$a^{\mathrm{T}}(Y-(K(A,A^{\mathrm{T}})w_1+eb_1)-e\varepsilon_1+\boldsymbol{\xi})=0,a\geqslant 0 \quad (5.16)$$

$$\boldsymbol{\beta}^{\mathrm{T}}\boldsymbol{\xi}=0,\boldsymbol{\beta}\geqslant 0 \quad (5.17)$$

将式（5.12）代入式（5.13），可以得到如下公式：

$$\begin{bmatrix} K(A,A^{\mathrm{T}})^{\mathrm{T}} \\ e^{\mathrm{T}} \end{bmatrix}a-\begin{bmatrix} K(A,A^{\mathrm{T}})^{\mathrm{T}} \\ e^{\mathrm{T}} \end{bmatrix}\left((Y-e\varepsilon_1)-[K(A,A^{\mathrm{T}})e]\begin{bmatrix} w_1 \\ b_1 \end{bmatrix}\right)=0$$

$$(5.18)$$

令

$$H=[K(A,A^{\mathrm{T}})e],u_1=[w_1^{\mathrm{T}}b_1]^{\mathrm{T}} \quad (5.19)$$

则式（5.18）可表示为

$$H^{\mathrm{T}}a-H^{\mathrm{T}}f+H^{\mathrm{T}}Hu_1=0 \Rightarrow u_1=(H^{\mathrm{T}}H)^{-1}H^{\mathrm{T}}(f-a) \quad (5.20)$$

为避免病态矩阵难以求逆问题，将上式进一步修改为

$$u_1=(H^{\mathrm{T}}H+\sigma I)^{-1}H^{\mathrm{T}}(f-a) \quad (5.21)$$

式中，σ 为很小的正数；$f=Y-\varepsilon_1 e$。

此时，将式（5.20）和 KKT 方程代入式（5.11），可得到式（5.9）的对偶模型：

$$\max -\frac{1}{2}a^{\mathrm{T}}H(H^{\mathrm{T}}H)^{-1}H^{\mathrm{T}}a+f^{\mathrm{T}}H(H^{\mathrm{T}}H)^{-1}H^{\mathrm{T}}a-f^{\mathrm{T}}a$$

$$\text{s.t. } 0\leqslant a\leqslant C_1 e \quad (5.22)$$

以类似方式，可得到式（5.10）的对偶模型：

$$\max -\frac{1}{2}\boldsymbol{\gamma}^{\mathrm{T}}H(H^{\mathrm{T}}H)^{-1}H^{\mathrm{T}}\boldsymbol{\gamma}-h^{\mathrm{T}}H(H^{\mathrm{T}}H)^{-1}H^{\mathrm{T}}\boldsymbol{\gamma}+h^{\mathrm{T}}\boldsymbol{\gamma}$$

$$\text{s.t. } 0\leqslant \boldsymbol{\gamma}\leqslant C_2 e \quad (5.23)$$

式中，$h=Y+\varepsilon_2 e$，式（5.23）对应的解记为

$$\boldsymbol{u}_2 = (\boldsymbol{H}^{\mathrm{T}}\boldsymbol{H} + \sigma\boldsymbol{I})^{-1}\boldsymbol{H}^{\mathrm{T}}(\boldsymbol{h} + \boldsymbol{\gamma})_\circ$$

进而可以推求得到 $f_1(x)$ 和 $f_2(x)$ 的最优参数向量为

$$[\boldsymbol{w}_1 \ b_1] = (\boldsymbol{H}^{\mathrm{T}}\boldsymbol{H})^{-1}\boldsymbol{H}^{\mathrm{T}}(\boldsymbol{f} - \boldsymbol{a}) \tag{5.24}$$

$$[\boldsymbol{w}_2 \ b_2] = (\boldsymbol{H}^{\mathrm{T}}\boldsymbol{H})^{-1}\boldsymbol{H}^{\mathrm{T}}(\boldsymbol{h} + \boldsymbol{\gamma}) \tag{5.25}$$

此时，TSVM 对应的回归函数为

$$f(\boldsymbol{x}) = \frac{1}{2}[f_1(\boldsymbol{x}) + f_2(\boldsymbol{x})] = \frac{1}{2}[K(\boldsymbol{x}^{\mathrm{T}}, \boldsymbol{A}^{\mathrm{T}})(\boldsymbol{w}_1 + \boldsymbol{w}_2)] + \frac{1}{2}(b_1 + b_2)$$

$$\tag{5.26}$$

5.2.3　合作搜索算法（CSA）

一般而言，公司（团队）通常由轮值主席（领导者）、董事会（决策者）、监事会（监督者）和员工（执行者）等四种类型成员组成。通常情况下，领导者从决策者中遴选产生，保障广泛代表性、方案科学性；决策者从监督者中遴选产生，保障发展畅通性、增强系统韧性；监督者从执行者中遴选产生，保障群落多样性、模式稳定性；执行者数目最为庞大，主要负责完成团队的具体业务。在实际工作中，若执行者工作表现优异，则可逐步提升其地位、强化影响力，以便激发创新动力、集聚发展势能；若领导者工作表现不甚理想，则可不断降低其地位，甚至淘汰出局，以便提升团队危机意识、促进自我驱动。通过"良才善用、能者居之、有机交互、协同发展"的联动发展机制，可以有效保障团队活力和市场竞争力。

受上述现代企业治理、团队管理等协作机制启发，作者结合粒子群算法、差分算法、反向学习策略等经典优化方法思想，提出了用于求解复杂全局优化、工程优化问题的新型群体智能算法——合作搜索算法（CSA），也有文献翻译为协同搜索算法。该方法将复杂优化问题的迭代求解过程视为公司团队的发展壮大过程[77-80]，其中：J 个决策变量视为 J 个任务集合；单一员工视为待优化问题的可能解决方案；员工的工作表现视为待优化问题的适应度；各个员工的历史最优决策构成了监事会；I 个员工构成了团队，团队所有员工发现的 M 个最优决策构成了董事会，领导者从董事会随机产生、用以模拟主席轮换机制。如图 5.3 所示，CSA 在团队建设阶段随机生成若干员工位置，而后循环执行三个进化算子模拟团队的合作行为，不断逼近全局最优解，内容包括：①团队沟通算子，保障员工"勤学善问"，向优秀个体学习得到有益知识；②反思学习算子，保障员工"三省吾身"，从历史经验汲取教训、探索新的可能；③内部竞争算子，通过"优胜劣汰"机制不断提升团队综合实力。

不失一般性，假定待优化问题的目标函数为越小越优，则 CSA 采用下述方式生成员工位置并予以动态更新，具体公式如下。

（1）团队建设阶段：

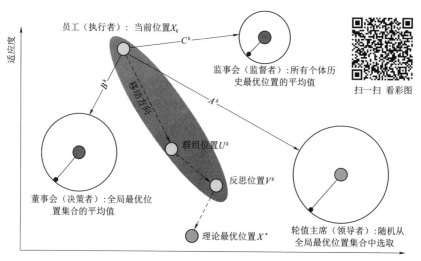

图 5.3　CSA 方法示意图

$$x_{i,j}^k = \phi(\underline{x}_j, \overline{x}_j), \ i \in [1, I], j \in [1, J], k = 1 \tag{5.27}$$

式中：I 为员工数目；J 为变量数目；$x_{i,j}^k$ 为第 k 次迭代第 i 个员工的第 j 个变量取值；$\overline{x}_j$、$\underline{x}_j$ 分别为第 j 个变量的取值上限、下限；$\phi(L, U)$ 用于在区间 $[L, U]$ 生成均匀分布随机数。

（2）团队沟通算子：

$$u_{i,j}^{k+1} = x_{i,j}^k + A_{i,j}^k + B_{i,j}^k + C_{i,j}^k, i \in [1, I], j \in [1, J], k \in [1, K] \tag{5.28}$$

$$A_{i,j}^k = \log(1/\phi(0,1)) \cdot (gBest_{ind,j}^k - x_{i,j}^k) \tag{5.29}$$

$$B_{i,j}^k = \alpha \cdot \phi(0,1) \cdot \left[\frac{1}{M} \sum_{m=1}^{M} gBest_{m,j}^k - x_{i,j}^k \right] \tag{5.30}$$

$$C_{i,j}^k = \beta \cdot \phi(0,1) \cdot \left[\frac{1}{I} \sum_{i=1}^{I} pBest_{i,j}^k - x_{i,j}^k \right] \tag{5.31}$$

式中：$u_{i,j}^{k+1}$ 为第 k 次迭代第 i 个群组向优秀个体学习得到的第 j 个变量取值；$pBest_{i,j}^k$ 为第 k 次迭代第 i 个员工历史最优决策的第 j 个变量取值；$gBest_{ind,j}^k$ 为第 k 次迭代第 ind 个团队历史最优决策的第 j 个变量取值，其中 ind 从整数集合 $\{1, 2, \cdots, M\}$ 随机选取；M 为团队历史最优决策的数目；$A_{i,j}^k$、$B_{i,j}^k$、$C_{i,j}^k$ 分别为从领导者、决策者和监督者得到的增益信息；α、β 为调整参数。

（3）反思学习算子：

$$v_{i,j}^{k+1} = \begin{cases} r_{i,j}^{k+1} & \text{if}(u_{i,j}^{k+1} \geqslant c_j) \\ p_{i,j}^{k+1} & \text{if}(u_{i,j}^{k+1} < c_j) \end{cases}, i \in [1, I], j \in [1, J], k \in [1, K] \tag{5.32}$$

$$r_{i,j}^{k+1} = \begin{cases} \phi(\overline{x}_j + \underline{x}_j - u_{i,j}^{k+1}, c_j), & [|u_{i,j}^{k+1} - c_j| < \phi(0,1) \cdot |\overline{x}_j - \underline{x}_j|] \\ \phi(\underline{x}_j, \overline{x}_j + \underline{x}_j - u_{i,j}^{k+1}), & \text{其他} \end{cases}$$

(5.33)

$$p_{i,j}^{k+1} = \begin{cases} \phi(c_j, \overline{x}_j + \underline{x}_j - u_{i,j}^{k+1}), & [|u_{i,j}^{k+1} - c_j| < \phi(0,1) \cdot |\overline{x}_j - \underline{x}_j|] \\ \phi(\overline{x}_j + \underline{x}_j - u_{i,j}^{k+1}, \overline{x}_j), & \text{其他} \end{cases}$$

(5.34)

$$c_j = (\overline{x}_j + \underline{x}_j) \cdot 0.5$$

(5.35)

式中：$v_{i,j}^{k+1}$ 为第 k 次迭代第 i 个员工总结历史经验、反思学习得到的第 j 个变量取值。

（4）内部竞争算子：

$$x_{i,j}^{k+1} = \begin{cases} u_{i,j}^{k+1}, & [F(\boldsymbol{u}_i^{k+1}) \leqslant F(\boldsymbol{v}_i^{k+1})] \\ v_{i,j}^{k+1}, & [F(\boldsymbol{u}_i^{k+1}) > F(\boldsymbol{v}_i^{k+1})] \end{cases}, i \in [1,I], j \in [1,J], k \in [1,K]$$

(5.36)

式中：$F(x)$ 用于评估员工的工作表现，即待优化问题的适应度取值。

5.2.4 混合预测方法

由前可知，CEEMDAN 方法可以有效地发掘原始水文过程的多维演化特征；TSVM 方法在跟踪研究非线性时间序列的动态变化方面表现优异；CSA 在复杂约束优化问题中具有极强的全局搜索能力。为此，本书构建集成 CSA、TSVM 和 CEEMDAN 等三种方法优势的新型水文预测模型。从图 5.4 可以看出，该方法与第 2 章、第 4 章的水文预报方法原理相近，均由信号分解、参数优化和模型集成三个阶段组成：首先利用 CEEMDAN 将原始水文序列划分为若干相对规律的分量序列；其次对每个分量序列分别构建合适的 TSVM 模型，同时采用 CSA 方法优选计算参数以提高模型泛化能力；最后将所有分量序列对应 TSVM 模型的预测结果叠加得到最终预测结果，以减少预测偏差，提高模型适应性和鲁棒性。特别地，在参数优化阶段，CSA 算法中每个员工均包含一组完整的 TSVM 模型计算参数，目标函数为实际值与预报值的总偏差最小，需要交替运用团队沟通算子、反思学习算子和内部竞争算子，通过多轮次迭代搜索动态更新个体位置、不断逼近最佳参数组合。相应计算步骤如下：

步骤 1：设置相关计算参数，如种群规模 I，迭代次数 K，变量数目及取值范围。

步骤 2：数据归一化处理，将目标序列调整至 [0，1] 区间并划分为训练集和测试集。

步骤 3：初始迭代次数 $k=1$，而后采用式（5.27）在可行空间内随机生成初始团队位置。此时，将 CSA 各个员工所有变量视为 TSVM 可能的计算参数组合，将训练集代入式（5.22）～式（5.25）得到预测模型，并由式（5.26）得到训练集所有样本对应的预测值，进而计算得到适应度值。

步骤 4：依据适应度值更新 M 个团队历史最优决策和 I 个员工自身的历史最优决策。

步骤 5：采用式（5.28）～式（5.31）完成团队沟通算子操作，并将越限变量修正至可行区间。

步骤 6：采用式（5.32）～式（5.35）完成反思学习算子操作，将越限变量修正至可行区间。

步骤 7：分别计算步骤 5 和步骤 6 得到的两组个体适应度取值，采用式（5.36）所示内部竞争算子操作选取优秀个体。

步骤 8：令 $k=k+1$。若 $k \leqslant K$，则返回步骤 4；否则，停止计算并将全局最优员工作为 TSVM 模型的最优参数开展水文预报。

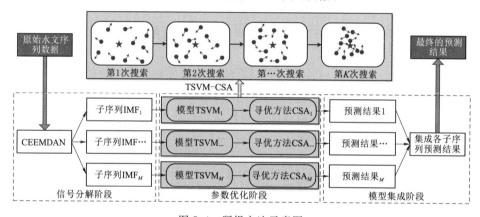

图 5.4　所提方法示意图

5.3　工程应用

为检验所提方法工程实用性，选取长江流域 3 个水文站的长序列径流数据作为研究对象。图 5.5 绘制了不同站点径流变化过程。其中，前 70% 数据为训练集，用于确定模型参数；其余数据为测试集，用于检验模型性能。表 5.1 给出了不同站点数据序列统计特征。可以看出，各水文站径流序列具有很强的非线性和非平稳特征，增大了预报建模难度，亟须研发实用可靠的水文预报方法。

本书运用 CEEMDAN 方法将水文序列划分为具有不同特征的分量序列。图 5.6 给出了站点 B 径流的 CEEMDAN 分解结果。可以看出，不同子序列的振幅和周期均存在明显差异，例如 IMF_1 和 IMF_2 振幅较小、波动频繁，复杂

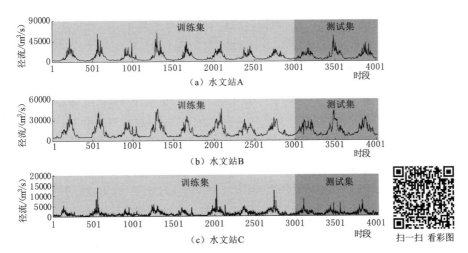

图 5.5　不同站点径流过程

扫一扫 看彩图

表 5.1　　　　　　　　　　不同站点数据序列统计特征

站点	数据集	最大值	最小值	极差	平均值	标准差
A	训练集	63200.0	2770.0	60430.0	10174.2	8033.9
A	测试集	57100.0	3150.0	53950.0	11854.6	7785.5
B	训练集	46900.0	5030.0	41870.0	12705.0	8099.4
B	测试集	43600.0	6160.0	37440.0	14951.8	7559.3
C	训练集	15400.0	312.0	15088.0	1362.8	1182.2
C	测试集	8410.0	360.0	8050.0	1497.2	968.8

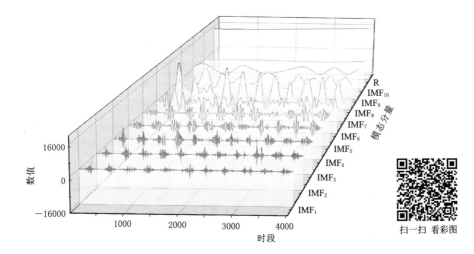

扫一扫 看彩图

图 5.6　站点 B 径流的 CEEMDAN 分解结果

性较高，展现了原始水文序列的随机高频特征；残差余量序列复杂性较高，反映了水文序列的总体变化趋势；其余子序列反映了原序列在不同频率和振幅下的时空变化特征。综上，CEEMDAN 可以有效分离出具有不同特征的子分量序列。

为验证所提方法的有效性，选用人工神经网络（ANN）、极限学习机（ELM）、支持向量机（SVM）、孪生支持向量机（TSVM）、基于 CSA 的孪生支持向量机（TSVM - C1）、基于 CEEMDAN 的孪生支持向量机（TSVM - C2）等方法作为对比方法。表 5.2 给出了不同方法在站点 A 测试集的统计结果。可以看出：ANN 的效果最差，表明模型结构对预报效果具有显著影响；SVM 性能较 ANN 有所提升，RMSE 和 MAE 指标分别提高了约3.7% 和 3.6%；TSVM 预测结果进一步提升，其 RMSE 指标较 ANN 和ELM 模型分别提高了约 4.3% 和 1.2%。同时，运用模态分解方法和进化算法可以有效提升模型预测精度，如 TSVM - C1 的 RMSE 和 MAE 指标较 TS-VM 模型分别提高了 6.3% 和 2.7%，同时所提方法在所有统计指标上都获得了最佳结果。由此可知，所提方法能够有效集成不同方法优势，其预报精度得到显著提升。

表 5.2　　　　　　　　多种方法在站点 A 测试集的统计结果比较

方法	训 练 集				测 试 集			
	RMSE	MAE	CC	NSE	RMSE	MAE	CC	NSE
ANN	2169.6455	1128.1405	0.9701	0.9270	2220.2774	1196.0001	0.9657	0.9186
ELM	2106.4887	1110.6202	0.9716	0.9312	2150.6891	1168.0661	0.9676	0.9236
SVM	2097.2903	1085.0239	0.9714	0.9318	2137.0466	1153.2588	0.9674	0.9246
TSVM	2060.2333	1017.0379	0.9747	0.9342	2124.1443	1127.4014	0.9701	0.9255
TSVM - C1	1930.3192	966.2487	0.9766	0.9423	1991.2809	1096.7167	0.9725	0.9345
TSVM - C2	1868.2713	939.3652	0.9771	0.9459	1925.5295	1060.1013	0.9732	0.9388
所提方法	1684.3736	697.9421	0.9788	0.9560	1688.9781	850.9069	0.9771	0.9529

图 5.7 展示了不同模型在测试集的预测结果与实测结果。可以看出，所提方法的预测径流过程与实测过程更为接近，可以更好地反映实际流量峰值和整体涨落过程，且相关系数明显优于对比方法。由此可知，所提方法有效集成了孪生支持向量机、合作搜索算法优势，能够在保持模型稳定性的同时显著提升预报精度。

表 5.3 给出了不同方法在站点 B 测试集的统计结果。可以看出，所提方法结果在训练集和测试集的统计指标上均表现突出，优于其他对比方法。例如，与标准 SVM 方法相比，所提方法能够将 RMSE 和 MAE 分别降低约 36.5%和 41.6%。图 5.8 为不同方法在站点 B 测试集的预测结果。总体而言，不同

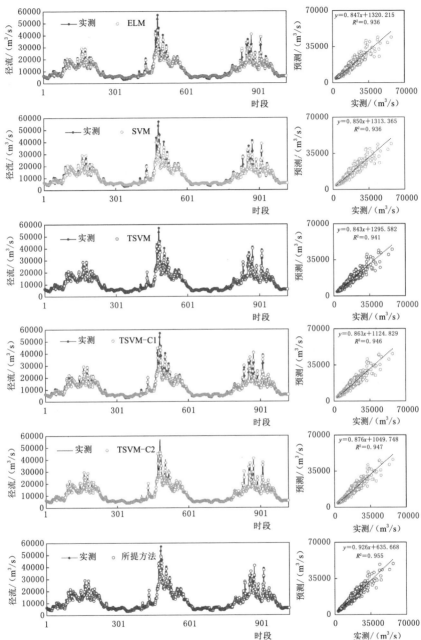

图 5.7　不同方法在站点 A 测试集的预测结果

扫一扫 看彩图

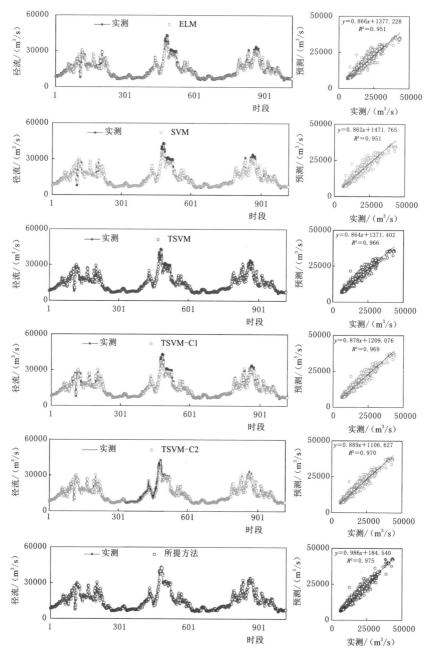

图 5.8　不同方法在站点 B 测试集的预测结果

扫一扫 看彩图

方法均能有效模拟径流变化过程，但所提方法的预测结果更接近理想趋势线。由此可知，所提方法能够有效应对复杂水文预报作业需求。

表 5.3 　　　　　　 多种方法在站点 B 测试集的统计结果比较

方法	训 练 集				测 试 集			
	RMSE	MAE	CC	NSE	RMSE	MAE	CC	NSE
ANN	1899.6720	1230.9131	0.9784	0.9450	1970.2177	1266.2502	0.9714	0.9320
ELM	1846.9846	1179.2104	0.9810	0.9480	1905.3871	1224.2554	0.9750	0.9364
SVM	1852.5376	1143.8125	0.9811	0.9477	1904.5640	1191.4537	0.9752	0.9365
TSVM	1714.9309	1036.5134	0.9858	0.9552	1734.1937	1096.3758	0.9828	0.9473
TSVM－C1	1627.5169	1003.1232	0.9862	0.9596	1626.3537	1050.2568	0.9842	0.9537
TSVM－C2	1547.8132	946.4680	0.9869	0.9635	1549.7947	997.7359	0.9849	0.9579
所提方法	1173.7485	573.0941	0.9895	0.9790	1208.6302	696.3525	0.9872	0.9744

图 5.9 为不同方法在站点 A 和站点 B 测试集的预测误差分布图。可以看出，相同方法在站点 A 和站点 B 的预测分布不尽相同，表明水文序列对预报模型具有较大的影响；相同站点下，各模型的预测误差也不尽相同，而且所提方法的预测误差明显偏小。由此可知，所提方法能够集成不同策略优势，进而在水文预报问题中提供更为优越的预测结果。

表 5.4 给出了不同方法在站点 C 测试集的统计结果。图 5.10 给出了不

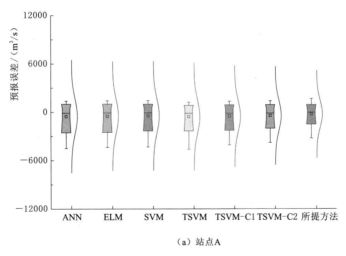

（a）站点A

图 5.9（一）　不同方法在站点 A 和站点 B 的预报误差分布图

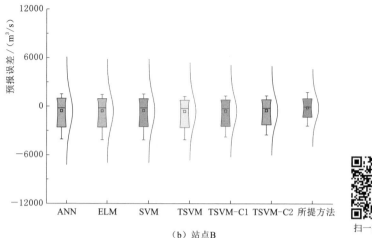

扫一扫 看彩图

（b）站点B

图 5.9（二）　不同方法在站点 A 和站点 B 的预报误差分布图

同方法在站点 C 测试集的预测结果。可以看出，对比方法在训练集和测试集的统计指标上均劣于所提方法。表 5.5 给出了所提方法在站点 C 的随机运行结果统计。可以看出，所提方法具有良好的鲁棒性，可以在不同随机情景下均能获得相对稳定的结果。其原因在于：CEEMDAN 能够将复杂非线性径流序列分解为若干具有不同时间尺度的分量序列，能够有效提升建模序列的可预报性；CSA 具有良好的搜索性能，能够快速获得满意参数组合，规避了参数选取盲目性和随机性；TSVM 具有良好的泛化能力，可以获得更为紧凑的模型结构。综上，所提方法能够为水文预报提供一种切实可用的技术手段。

表 5.4　　　　　　多种方法在站点 C 测试集的统计结果比较

方法	训　练　集				测　试　集			
	RMSE	MAE	CC	NSE	RMSE	MAE	CC	NSE
ANN	626.9177	357.6730	0.8654	0.7187	547.7240	340.8999	0.8472	0.6801
ELM	597.0655	326.7577	0.8807	0.7449	512.2956	314.2872	0.8666	0.7201
SVM	565.3464	315.2447	0.8878	0.7712	495.4740	302.4129	0.8671	0.7382
TSVM	533.7675	288.0918	0.8974	0.7961	465.3279	277.7183	0.8797	0.7691
TSVM－C1	514.3628	273.7252	0.9027	0.8106	446.9933	266.0352	0.8884	0.7869
TSVM－C2	503.4558	266.9290	0.9071	0.8186	441.0677	261.2526	0.8917	0.7925
所提方法	490.3847	222.5917	0.9127	0.8279	418.8876	238.6254	0.9025	0.8129

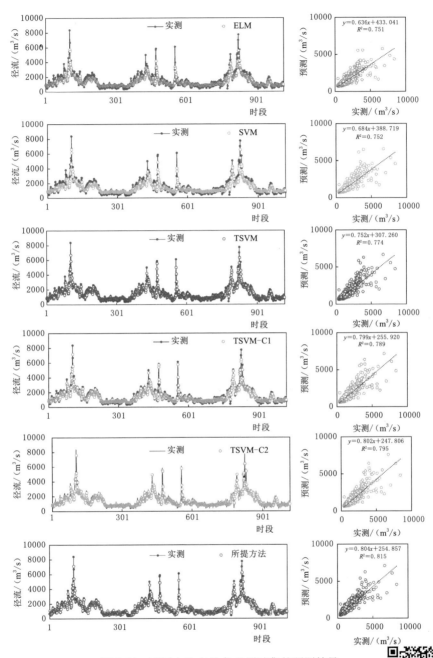

图 5.10　不同方法在站点 C 测试集的预测结果

表 5. 5　　　　　　　　　所提方法在站点 C 随机运行结果统计

随机次数	训　练　集				测　试　集			
	$RMSE$	MAE	CC	NSE	$RMSE$	MAE	CC	NSE
1	496.9550	224.1188	0.9106	0.8232	419.6239	240.2445	0.9023	0.8122
2	493.5065	223.1184	0.9119	0.8257	419.5000	239.5865	0.9022	0.8123
3	492.2211	222.8530	0.9124	0.8266	418.6581	238.9165	0.9027	0.8131
4	491.9108	222.6129	0.9126	0.8268	418.1700	238.6990	0.9029	0.8135
5	490.4758	222.6471	0.9128	0.8278	419.1243	238.8937	0.9024	0.8127
6	490.2152	222.7360	0.9127	0.8280	420.5837	239.3246	0.9019	0.8114
7	490.0634	222.7293	0.9126	0.8281	420.5647	239.4568	0.9018	0.8114
8	491.4418	223.1512	0.9121	0.8271	421.4929	239.6809	0.9014	0.8105
9	491.9274	223.2713	0.9118	0.8268	421.4766	239.6294	0.9014	0.8106
10	493.4922	223.6835	0.9113	0.8257	422.0269	239.9121	0.9014	0.8101

5. 4　本章小结

　　孪生支持向量机（TSVM）是一种新型高效的人工智能方法，但在水文预报领域的应用尚不多见。本书将其引入径流预测后发现，TSVM 性能受相关参数影响较大，易降低模型训练效率和预报精度。为提升预报精度，本书提出合作搜索算法与自适应噪声集合经验模态分解联合驱动的水文预报孪生支持向量机模型，尝试将 TSVM 作为基础预报组件，而后利用合作搜索算法不断逼近最佳计算参数组合，通过集成分解框架实现多模型预测结果的智能集成。工程应用表明，所提方法可以获得比传统方法更为优越的预报方案，能够为大规模水库群科学调度提供重要技术支撑。

第6章

梯级水库群中长期发电调度精英集聚蛛群优化方法

6.1 引言

伴随水电开发的平稳有序推进，中国逐步形成巨型梯级水库群新格局。梯级水库群的协同统一调度有利于水能资源的合理高效利用和电力系统的安全稳定运行，可以产生显著的经济、社会与生态等综合效益，使得梯级水库群优化调度是当前乃至以后水电能源系统重要的理论与实践课题。但是，梯级水库间复杂的水力与电力联系并存，且需综合考虑水位、出库、出力等多种复杂时空约束，梯级水库群优化调度问题也成为典型的多阶段多约束非线性最优控制问题。现有解决方案大致分为两类：一类是以线性规划、动态规划、大系统分解协调等为代表的传统优化方法；另一类是以布谷鸟算法、蛙跳算法、粒子群算法（particle swarm optimization，PSO）等为代表的人工智能方法。尽管上述方法已取得了较为丰富的研究成果，但在工程实际应用中仍然受到不同程度的限制，如动态规划的维数灾难题、粒子群算法的早熟收敛问题等。因此，尝试将新型方法引入梯级水库群优化调度领域仍然具有极为重要的现实意义。

受自然界蜘蛛群体的协同机制启发，Erik 等提出了一种新型高效的智能优化方法——蛛群优化方法（social spider optimization，SSO）。与粒子群算法等方法相比，SSO 在多个标准测试函数均表现出更为优越的搜索能力，逐渐在数值优化、网络设计等领域表现出强劲的生命力。由于该方法刚被提出，现阶段有关其性能改进及在梯级水库群优化调度领域的研究成果尚不多见。因此，本书在阐述标准 SSO 工作机制后，提出了一种结合精英集合动态更新策略与邻域变异搜索机制的精英集聚蛛群优化方法[81]（elite-gather social spider optimization，ESSO），以均衡考虑方法的全局搜索与局部勘探，兼顾种群的多样性与方法的收敛速度，克服 SSO 存在的早熟收敛等不足。所提方法的高效性与实用性通过了澜沧江梯级水库群优化调度实践检验。

6.2 梯级水库群发电调度模型

6.2.1 目标函数

本书采用梯级水库群优化调度中常见的发电量最大模型开展研究，目标函数为

$$\max E = \sum_{i=1}^{N} \sum_{t=1}^{T} P_{i,t} \Delta_t = \sum_{i=1}^{N} \sum_{t=1}^{T} A_i Q_{i,t} H_{i,t} \Delta_t \tag{6.1}$$

式中：E 为调度期内总发电量，$kW \cdot h$；N 为水库数目；i 为水库序号，$i=1，2，\cdots，N$；T 为调度周期；t 为时段序号，$t=1，2，\cdots，T$；$P_{i,t}$ 为水库 i 在时段 t 的出力，kW；A_i 为水库 i 的出力系数；$Q_{i,t}$ 为水库 i 在时段 t 的发电流量，m^3/s；$H_{i,t}$ 为水库 i 在时段 t 的水头，m；Δ_t 为时段 t 的小时数，h。

6.2.2 约束条件

（1）始末水位约束：保证水库在调度期内的有机衔接，根据实际工况与中长期计划制定。

$$Z_{i,0} = Z_i^0, Z_{i,T} = Z_i^T \tag{6.2}$$

式中：Z_i^0 为水库 i 的初始水位，m；Z_i^T 为水库 i 的末水位，m。

（2）水量平衡约束：保证单一水库时间维以及梯级水库空间维上的水量平衡。

$$\begin{cases} V_{i,t+1} = V_{i,t} + 3600 \times (q_{i,t} + \sum_{s \in \Omega_i} O_{s,t} - O_{i,t}) \Delta_t \\ O_{i,t} = Q_{i,t} + d_{i,t} \end{cases} \tag{6.3}$$

式中：$V_{i,t}$ 为水库 i 在时段 t 的库容，m^3；Ω_i 表示水库 i 的上游水库集合，对龙头水库有 $\Omega_i = \varnothing$；$q_{i,t}$、$O_{i,t}$、$d_{i,t}$ 分别为水库 i 在时段 t 的区间流量、出库流量和弃水流量，m^3/s。

（3）水位约束：水库必须在指定的水位范围运行，以保证大坝安全。

$$\underline{Z}_{i,t} \leqslant Z_{i,t} \leqslant \overline{Z}_{i,t} \tag{6.4}$$

式中：$Z_{i,t}$ 为水库 i 在时段 t 的水位，m；$\overline{Z}_{i,t}$、$\underline{Z}_{i,t}$ 分别为水库 i 在时段 t 的水位上、下限。

（4）发电流量约束：需要考虑各水库的机组最大过流能力、检测计划等综合因素。

$$\underline{Q}_{i,t} \leqslant Q_{i,t} \leqslant \overline{Q}_{i,t} \tag{6.5}$$

式中：$\overline{Q}_{i,t}$、$\underline{Q}_{i,t}$ 分别为水库 i 在时段 t 的发电流量上、下限。

（5）出库流量约束：需满足各水库的下游防洪、生态等综合利用需求。

$$\underline{O}_{i,t} \leqslant O_{i,t} \leqslant \overline{O}_{i,t} \tag{6.6}$$

式中：$\overline{O}_{i,t}$、$\underline{O}_{i,t}$ 分别为水库 i 在时段 t 的出库流量上、下限。

（6）出力约束：综合考虑水库的最小技术出力、检修容量等指标。

$$\underline{P}_{i,t} \leqslant P_{i,t} \leqslant \overline{P}_{i,t} \tag{6.7}$$

式中：$\overline{P}_{i,t}$、$\underline{P}_{i,t}$ 分别为水库 i 在时段 t 的出力上、下限。

（7）水电带宽约束：根据其他电源出力与断面输电能力确定，以保证电网安全运行。

$$\underline{h}_t \leqslant \sum_{i=1}^{N} P_{i,t} \leqslant \overline{h}_t \tag{6.8}$$

式中：$\overline{h}_t$、$\underline{h}_t$ 分别为时段 t 的水电系统带宽上、下限。

6.3　精英集聚蛛群优化方法（ESSO）

6.3.1　标准蛛群优化方法（SSO）

SSO 将搜索空间视为蜘蛛群体活动所需依附的蛛网载体，单一蜘蛛个体所在位置视为待优化问题的潜在可行解，并采用适应度函数评价个体所在位置优劣。不同于遗传算法、粒子群算法等方法的单一种群集总式进化机制，SSO 首先依据个体性别属性将蛛群 S 分为雄性子蛛群 F 与雌性子蛛群 M 两类行为迥异但又彼此合作的内部子蛛群；然后对两类子蛛群分别采用不同的寻优机制，并通过同性子蛛群的内部协作行为、异性个体的婚配行为等方式模拟自然界的蜘蛛群集运动规律，以实现方法的整体寻优过程[81-83]。SSO 方法原理示意见图 6.1，可以看出，该方法通过模拟不同子蛛群之间竞争与合作并存的动态博弈行为，既能在很大程度上避免个体在单一子蛛群中盲目汇集于优秀领导者引发的早熟现象，增强种群多样性的维持能力；又有利于扩大个

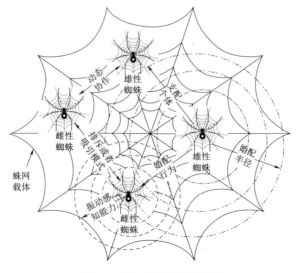

图 6.1　SSO 方法原理示意图

体在搜索空间内的寻优能力，充分提升蜘蛛群体的全局搜索性能。数值试验与工程优化结果表明：相比于 PSO 等方法，SSO 可有效模拟蜘蛛群体的竞合演化机制，有利于增强寻优结果的收敛性、有效性与稳健性。因此本书着力将该方法引入梯级水库优化调度领域，以期提供一种新型的求解思路。

设定待优化问题维度为 D，且目标为越大越优，则 SSO 计算步骤如下：

（1）参数设置。设定蜂群个体数目为 N_p，最大迭代次数 K 等计算参数。

（2）蜂群初始化。记迭代次数 $k=1$，计算雄、雌两类性征子蜂群的个体数量，公式如下：

$$\begin{cases} N_f = \left[(0.9-0.25r_1)N_p\right] \\ N_m = N_p - N_f \end{cases} \tag{6.9}$$

式中：N_f、N_m 分别为雌性、雄性子蜂群个体数目；r_1 为 ［0，1］ 区间均匀分布的随机数；［ ］ 表示取整函数。

确定子蜂群个体数目后，采用下式随机产生雌性初始蜂群 $\boldsymbol{F}$ 和雄性初始蜂群 $\boldsymbol{M}$：

$$\begin{cases} F_{i,j}^k = \underline{X}_j + r_2(\overline{X}_j - \underline{X}_j) \\ M_{l,j}^k = \underline{X}_j + r_3(\overline{X}_j - \underline{X}_j) \end{cases} \tag{6.10}$$

式中：j 为维度标号，$j=1,2,\cdots,D$；$F_{i,j}^k$ 为第 k 轮迭代时第 i 个雌性蜘蛛的第 j 维取值，$i=1,2,\cdots,N_f$；$M_{l,j}^k$ 为第 k 轮迭代时第 l 个雄性蜘蛛的第 j 维取值，$l=1,2,\cdots,N_m$；r_2、r_3 为 ［0，1］ 区间均匀分布的随机数；$\overline{X}_j$、$\underline{X}_j$ 分别为第 j 维变量取值上、下限。

此时蜂群由 N_p 个蜘蛛构成，包含了 N_f 个雌性蜘蛛与 N_m 个雄性蜘蛛，由此可得第 k 代蜂群为

$$\begin{aligned} \boldsymbol{S}^k = \boldsymbol{F}^k \bigcup \boldsymbol{M}^k = \{ S_1^k = F_1^k, S_2^k = F_2^k, \cdots, S_{N_f}^k = F_{N_f}^k, S_{N_f+1}^k \\ = M_1^k, S_{N_f+2}^k = M_2^k, \cdots, S_{NP}^k = M_{N_m}^k \} \end{aligned} \tag{6.11}$$

（3）评估计算每个蜘蛛个体的适应度及其权重。个体的适应度取值计算方式根据具体问题进行设定，个体相应权重计算公式为

$$w_i = \frac{J(S_i) - \min\limits_{1 \leqslant i \leqslant NP} J(S_i)}{\max\limits_{1 \leqslant i \leqslant NP} J(S_i) - \min\limits_{1 \leqslant i \leqslant NP} J(S_i)} \tag{6.12}$$

式中：$J(S_i)$、w_i 分别为第 i 个蜘蛛 S_i 的适应度及其权重。

（4）子蜂群内部协作行为。雌、雄子蜂群分别对各自蜂群中的个体展开相应的协作行为。雌性蜘蛛依据一定概率选择吸引或者排斥模式实现个体间的协作行为，若产生的随机数小于控制阈值，则采用吸引模式，反之采用排斥模式。公式为

$$F_i^{k+1}=\begin{cases}F_i^k+r_4V_{ci}(S_c-F_i^k)+r_5V_{bi}(S_b-F_i^k)+r_6(r_7-0.5) & (r_7\leqslant P_f)\\ F_i^k-r_4V_{ci}(S_c-F_i^k)-r_5V_{bi}(S_b-F_i^k)+r_6(r_7-0.5) & (r_7>P_f)\end{cases}$$

$$(6.13)$$

其中
$$V_{ij}=w_i\mathrm{e}^{-d_{i,j}^2} \tag{6.14}$$

式中：r_4、r_5、r_6、r_7 为 ［0，1］区间均匀分布的随机数；P_f 为控制阈值；S_c 为蛛群中距离个体 S_i 最近且优于 S_i 的个体，$S_c=\arg\min\limits_{1\leqslant o\leqslant N_p}(d_{i,o}\mid w_o\geqslant w_i)$；$S_b$ 表示蛛群中的最优个体，$S_b=\arg\max\limits_{1\leqslant o\leqslant N_p}J(S_o)$；$V_{ci}$、$V_{bi}$ 分别表示个体 S_i 对个体 S_c、个体 S_b 的振动感知能力，且有 $V_{ci}=w_c\mathrm{e}^{-d_{i,c}^2}$，$V_{bi}=w_b\mathrm{e}^{-d_{i,b}^2}$。

雄性子蛛群具有良好的分类识别协作机制，在进化过程中，雄性个体可自动分为较为优越的支配个体与相对较差的非支配个体，其中支配个体能有效吸引与其临近的雌性蜘蛛，同时非支配个体逐步向雄性蛛群中心位置集聚。计算公式为

$$M_l^{k+1}=\begin{cases}M_l^k+r_8V_{gl}(F_g-M_l^k)+r_9(r_{10}-0.5) & \mathrm{if}(w_{Nf+l}>w_{Nf+m})\\ M_l^k+r_8(C^k-M_l^k) & \mathrm{if}(w_{Nf+l}\leqslant w_{Nf+m})\end{cases}$$

$$(6.15)$$

其中
$$C^k=\sum_{h=1}^{N_m}M_h^kw_{Nf+h}\Big/\sum_{h=1}^{N_m}w_{Nf+h} \tag{6.16}$$

式中：r_8、r_9、r_{10} 为 ［0，1］区间均匀分布的随机数；w_{Nf+m} 指对所有雄性蜘蛛个体依适应度降序排列后，中间位置个体对应的权重值，并将权重大于 w_{Nf+h} 的雄性个体称为支配个体，其余个体称为非支配个体；F_g 为距雄性支配个体 M_l 最近的雌性个体，$S_c=\arg\min(d_{i,o})$；V_{gl} 表示雄性个体 M_l 对雌性个体 F_g 的振动感知能力，$V_{gi}=w_g\mathrm{e}^{-d_{i,g}^2}$；$C^k$ 为雄性子蛛群的平均中心位置。

（5）异性个体婚配行为。表现优异的雄性个体通常对雌性个体具有较强的吸引力，若雌性个体恰好在其婚配半径 R 内，则二者能够发生婚配行为。R 的计算如下：

$$R=\frac{1}{2D}\sum_{j=1}^{D}(\overline{X}_j-\underline{X}_j) \tag{6.17}$$

依次对所有雄性支配个体采用婚配行为，以雄性个体 M_l^k 为例，具体步骤如下：若有雌性个体在 M_l^k 的婚配半径内，则将 M_l^k 及所有在其婚配半径 R 内的雌性个体组成子蛛群 T_M，并计算 T_M 中所有个体的分配概率 P_s，公式如下：

$$T_M=\{M_l^k\mid w_l^k\geqslant w_{Nf+m}^k\}\bigcup\{F_i^k\mid d_{i,l}\leqslant R,i=1,2,\cdots,N_f\} \tag{6.18}$$

$$P_s=w_s\Big/\sum_{g\in T_M}w_g,s\in T_M \tag{6.19}$$

然后逐维采用轮盘赌方式从 T_M 中选择个体，并将所选个体当前维的取值作为新个体对应维的数值，若新个体优于蜘群中的最差个体则予以代替；否则不进行操作。

（6）令 $k=k+1$，判定是否满足终止条件。若未达到最大迭代次数，则返回步骤（3）；否则，停止计算，并输出最优个体。

应用过程中发现，标准 SSO 算法与其他群体智能方法类似，在搜索过程中也存在收敛速度较慢、易陷入局部最优等不足，方法性能仍存在一定的提升空间。为此，本书在标准 SSO 算法的基础上，引入了精英个体集合，提出图 6.2 所示的精英集聚蜘群优化方法（ESSO）。该方法从精英个体动态更新策略与变异策略两个方面实现综合改进，实现精英个体的最优保留与动态更新，保证精英蜘群与当前蜘群之间的信息互馈，提升方法的搜索性能与收敛效率。

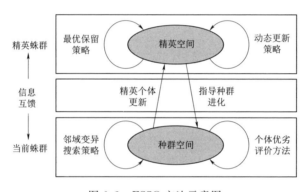

图 6.2 ESSO 方法示意图

6.3.2 精英集合动态更新策略增强方法搜索能力

充分利用精英个体的特征信息有利于推动种群进化与个体更新，但从雌性蜘蛛进化公式与雄性蜘蛛进化公式可知，除自我认知行为外，两类个体仅向当代种群优秀个体或中心学习，均未能充分挖掘历史上的精英个体信息，造成优良个体信息的浪费流失，极易降低种群多样性，进而发生个体趋同现象。为此，本书引入精英集合 S_E^k 存储种群精英个体，并在个体更新时加强其与优秀个体之间的沟通交流，为种群进化提供多向信息引导；同时，精英库中的个体也随着种群的进化不断更新，即根据当前种群中的个体质量动态更新 S_E^k 中较差的个体，加速种群向全局最优解方向收敛[84-86]。

设定 S_E^k 的精英个体数目为 ω，本书精英集合 S_E^k 动态更新具体方案为：将当前种群中适应度排在前 ω 名的个体复制至中间集合 v 中，若 $S_E^k=\varnothing$，则令 $S_E^k=v$；否则取 S_E^k 与 v 中较为优秀的一半个体构成新的精英集合 S_E^k。同时，雌、雄蜘蛛进化公式分别如下：

（1）雌性蜘蛛进化公式更新为

$$F_i^{k+1}=\begin{cases}F_i^k+r_4V_{ci}(S_c-F_i^k)+r_5V_{bi}(S_b-F_i^k)+r_6(r_7-0.5)+r_{11}(S_a-F_i^k) & (r_7\leqslant P_f)\\F_i^k-r_4V_{ci}(S_c-F_i^k)-r_5V_{bi}(S_b-F_i^k)+r_6(r_7-0.5)-r_{11}(S_a-F_i^k) & (r_7>P_f)\end{cases}$$

$$(6.20)$$

式中：S_a 表示从 $\boldsymbol{S}_E^k$ 所选第 a 个精英个体，$a=[r_{12}\omega]$；r_{11} 为 $[0，1]$ 区间均匀分布的随机数。

（2）雄性蜘蛛进化公式更新为

$$M_l^{k+1}=\begin{cases}M_l^k+r_8V_{gl}(F_g-M_l^k)+r_9(r_{10}-0.5)+r_{13}(S_\beta-M_l^k) & (w_{N_f+l}>w_{N_f+m})\\M_l^k+r_8(C^k-M_l^k)-r_{13}(S_\beta-M_l^k) & (w_{N_f+l}\leqslant w_{N_f+m})\end{cases}$$

$$(6.21)$$

式中：S_β 表示从 $\boldsymbol{S}_E^k$ 所选第 $\boldsymbol{\beta}$ 个精英个体，$\beta=[r_{14}\omega]$；r_{13} 为 $[0，1]$ 区间均匀分布的随机数。

6.3.3 种群邻域变异搜索机制提升方法勘探能力

在个体邻域内开展小范围搜索会有较大概率进一步改善解的质量，有利于提升种群的多样性和方法的勘探能力。因此本书以一定概率选择个体并在其邻域内实施变异操作，以增强种群多样性，降低早熟收敛概率，实现全局开采与局部勘探的有效均衡；同时，为确保变异后的个体在可行域范围内，在将变异个体修正至可行域后，保留适应度值较优的个体，保证变异操作沿着有利方向进行[87-89]。假定所选个体为 X_i，变异后个体记为 X_i'，则依次采用下式完成变异计算操作：

$$X_i'=X_i+\gamma\mathrm{e}^{-k/K}(2r_{15}-1)(\overline{X}-\underline{X}) \qquad (6.22)$$

$$X_i'=\max\{\min\{X_i',\overline{X}\},\underline{X}\} \qquad (6.23)$$

$$X_i=\mathrm{argmax}\{F(X_i'),F(X_i)\} \qquad (6.24)$$

式中：r_{15} 为 $[0，1]$ 区间均匀分布的随机数；γ 为服从 $N(0，1)$ 正态分布的随机数。

6.3.4 基于 ESSO 方法的梯级水库群优化调度

将水库水位作为状态变量，以调度期内梯级水库群综合发电量最大为优化目标，在初始化一定数量的蜘蛛个体后，逐代实行子蛛群的内部协作行为、异性个体的婚配行为、精英个体动态更新与邻域变异搜索策略，逐次逼近梯级水库群的最优调度策略。详细计算步骤如下：

（1）设置蛛群个体数目为 N_p，最大迭代次数 K、精英集合个体数目 ω 等计算参数。

（2）记迭代次数 $k=1$，利用式（6.9）计算雄、雌两类性征子蛛群的个体数量，利用式（6.10）实现所有蜘蛛个体的初始化。

（3）评估计算所有蜘蛛个体的适应度。本书采用如下方式处理梯级水库优化调度模型中复杂约束条件：首先将个体修正至状态变量所在的可行空间内，然后按照水力联系从上游到下游依次对各水电站采用以水定电方式完成调节计算操作，在处理过程中强制满足调度期内以水量平衡方程为代表的等式约束；若各时段的电站出力、发电流量、出库流量、水电带宽等不等式约束发生破坏，则先行将对应变量设定为边界值，而后利用惩罚函数法处理相应的约束破坏项。个体 Y 的适应度函数值 $F(Y)$ 计算公式如下：

$$F(Y) = E(Y) - \sum_{t=1}^{T} \sum_{l=1}^{L_t} a_{tl} \mid R_{tl}(Y') \mid \tag{6.25}$$

式中：$E(Y)$ 表示个体相应的发电量；$R_{tl}(Y')$、a_{tl} 分别表示个体在时段 t 的第 l 项约束破坏项及相应的惩罚因子；L_t 表示个体在时段 t 的约束破坏总数。

（4）获得个体相应权重，然后采用 6.3.2 节方法动态更新精英集合 S_E^k。

（5）利用 6.3.3 节所述方法对种群实行邻域变异搜索策略，以增强方法的勘探能力。

（6）分别产生新的雌性与雄性子蛛群，以实现子蛛群的内部协作行为。

（7）对雄性子蛛群中支配个体实行婚配行为，以提升种群的多样性。

（8）令 $k = k + 1$，若 $k \leqslant K$，则返回步骤（3）；反之，停止计算，并输出最优个体。

需要说明的是，上述步骤（4）～步骤（7）在完成相应进化操作后，本书均采用式（6.23）对各个体进行修正，以确保个体状态变量在预先设定的允许范围内变动，防止不可行解的无效信息传递。

6.4　工程应用

6.4.1　工程背景

本书以澜沧江下游梯级水库群为研究实例。澜沧江流域是中国十三大水电基地之一，干流规划装机规模约 25750MW，现阶段仅有部分电站投产运行。本书研究对象包括已投运的 5 座电站，从上游到下游各水电站依次为小湾、漫湾、大朝山、糯扎渡和景洪，相应的部分计算参数见表 6.1。

6.4.2　SSO 及改进策略的有效性检验

为验证 SSO 及本书所提改进策略的合理性与有效性，将耦合精英集合策略的 SSO 方法称为 SSO-Ⅰ；耦合邻域变异策略的 SSO 方法称为 SSO-Ⅱ。选取调度时段为 1 个月，采用某年实测径流过程下的澜沧江梯级发电调度计划编制为工程实例，选用标准 SSO 方法、SSO-Ⅰ、SSO-Ⅱ、ESSO 方法和 PSO 等 5 种方法进行求解。其中，各方法的种群规模均取 200，最大迭代次

表 6.1   梯级水库群计算信息

序号	电站名称	调节性能	装机容量/MW	死水位/m	正常高水位/m	出力系数	最大发电流量/(m³/s)
1	小湾	多年调节	4200	1166	1240	9.0	2202.0
2	漫湾	季调节	1550	982	994	8.5	2123.0
3	大朝山	年调节	1350	882	899	8.5	2085.0
4	糯扎渡	多年调节	5850	765	812	9.0	3240.0
5	景洪	季调节	1750	591	602	8.5	3327.8

数取 500；SSO-Ⅰ与 ESSO 的精英集合个体数目取为 20；设定各约束破坏项的惩罚因子为 1000。

根据上述设定参数及已知条件，将各方法分别独立运行 10 次，得出各方法的逐次运行结果及平均寻优时间，同时统计得出相应发电量的最优值、平均值和标准差，详细结果参见表 6.2。可以看出：①SSO 系列方法相比于 PSO，均能显著提升结果，且解的稳定性得到有效提升，如 SSO 较 PSO 平均发电量的增幅约为 12 亿 kW·h，标准差降低了 22.1%，显然，SSO 不失为一种适用于梯级水库群调度问题的可行方法。②标准 SSO 方法在耦合不同的改进策略后所需寻优时间并未有明显变化，都在 10s 附近波动，但是计算结果的标准差明显减少，最佳发电量也有一定提升，其中耦合两种改进机制的 ESSO 效果最为显著，以标准差为例，SSO-Ⅱ、SSO-Ⅰ分别大约比 SSO 降低了 76% 和 70%，而 ESSO 的降幅达到了 93%。综上，本书所提策略能有效完善 SSO 方法搜索机理，提升了寻优结果的稳定性与鲁棒性。

表 6.2   不同迭代次数计算结果对比

方法	发电量/(亿 kW·h)													耗时/s
	方案1	方案2	方案3	方案4	方案5	方案6	方案7	方案8	方案9	方案10	最大	均值	标准差	
PSO	830.02	821.01	825.86	828.55	817.07	832.11	827.50	827.97	834.82	827.27	834.82	827.22	5.11	12.4
SSO	838.46	842.14	840.35	836.25	829.39	840.06	840.12	842.74	841.16	842.25	842.74	839.29	3.98	9.1
SSO-Ⅰ	843.62	843.85	843.13	841.50	844.12	842.55	842.57	842.87	841.70	841.66	844.12	842.76	0.94	9.6
SSO-Ⅱ	843.16	842.25	841.38	843.13	843.90	839.26	842.36	843.00	842.17	842.14	843.30	842.21	1.21	9.9
ESSO	844.65	844.83	844.92	844.16	844.74	844.19	844.93	844.68	844.49	844.68	844.93	844.63	0.27	10.3

6.4.3 ESSO 调度结果合理性分析

选取表 6.2 中 ESSO 最优发电量相应调度结果加以分析，图 6.3 为 ESSO 优化调度结果。可以看出：小湾作为龙头水库，在蓄水期迅速抬升水位，枯水期逐渐消落至设定水位，充分发挥梯级补偿效应；其余水库在汛期快速降低水位迎接大流量来水，其余时段尽可能维持高水头运行以降低水耗增发电量；各水库优化结果均满足水位、出力等各项约束条件；梯级水电系统总出力也能满足各时段设定的最小出力限制。这充分表明 ESSO 方法所得调度过程合理可行，可以服务于梯级水库群优化调度作业。

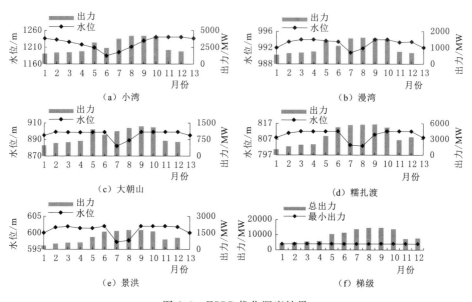

图 6.3 ESSO 优化调度结果

6.4.4 方法性能进一步测试

为检验 ESSO 求解梯级水库群优化调度的优越性，采用不同来水特性下径流过程开展模拟调度，并将逐步优化算法（progressive optimality algorithm，POA）作为基准方法，结果对比详见表 6.3。POA 搜索性能良好，但其计算量与系统规模呈指数增长；ESSO 具有良好的群体寻优机制，计算耗时更短，但发电量几乎一致；由于增加了精英集合引导机制与领域变异搜索机制，ESSO 比 SSO 耗时略有增加，但是能够更好地平衡全局搜索与局部勘探，计算精度得到显著提升。综上，ESSO 具有良好的全局搜索能力，不失为一种适用于工程实际问题的新型高效方法。

表 6.3 不同来水条件下计算结果对比

统计指标	枯水年			平水年			丰水年		
	POA	ESSO	SSO	POA	ESSO	SSO	POA	ESSO	SSO
发电量/(亿 kW·h)	610.07	610.04	606.68	736.05	736.04	733.15	881.98	882.35	879.54
耗时/s	11.4	9.2	8.8	13.2	9.6	9.2	15.9	9.9	9.4

6.5　本章小结

蛛群优化方法（SSO）为梯级水库群优化调度问题提供了新颖的求解思路。本章首先对标准 SSO 方法寻优机制做了简要阐述，然后提出了精英集聚蛛群优化方法（ESSO）以进一步增强 SSO 的搜索能力。ESSO 采用精英个体动态更新策略以保证精英蛛群引导种群进行有效进化，平衡方法的搜索能力与勘探能力；实施优秀个体邻域变异策略以维持种群多样性，提升方法的计算效率与收敛速度。澜沧江流域实例结果表明 SSO 方法可服务于梯级水库群优化调度；同时，本书所提改进策略能够有效提升 SSO 方法的搜索性能，所提 ESSO 方法在实际工程中具有良好的推广价值与应用前景。

第7章

梯级水库群短期调峰调度均匀逐步优化方法

7.1 引言

最近数十年我国水电得到迅猛发展,水电系统规模不断扩大,2015年总装机容量达到了 3.19 亿 kW,已经形成了世界上规模最大的水电互联系统,大约占据全球水电总装机的三成、3 倍于水电装机排名第二的美国(约为9990万 kW),极大加剧了调度建模求解难度。与此同时,伴随智能电网的快速推进,各类型电源的协同调度管理力度都随之提高,而水电作为现阶段最为优质、稳定的清洁能源,在协助电网大规模消纳风能、光伏能等间歇性能源的过程中扮演着无可替代的作用,故电网对水电调度的计算时效与优化精度都提出了更高的要求。此外,为保障电网的安全稳定运行,水电调度需要综合考虑大量约束条件,既有水位约束、出力限制等不等式约束,又有以水量平衡方程为代表的等式约束,这些约束条件之间又彼此存在复杂的交织、耦合等综合作用,这在很大程度上影响了算法的搜索性能,加剧了优化计算困难。综上,急剧扩张的系统规模、日趋精细的调度需求、数目繁多的约束条件等综合因素给水电系统调度建模带来极大的挑战,亟须继续探索能够快速响应多重时变运行控制条件的实用化调度方法,以便切实满足中国大水电调度需求。

针对此问题,国内外学者先后采用线性规划、非线性规划、动态规划、智能算法等诸多方法进行求解,并在理论研究与工程实践中取得了不同程度的成功。其中,逐步优化算法以其良好的可操作性与易用性在水库群联合优化调度生产作业中得到广泛应用。然而,POA 的计算复杂度随系统规模呈指数增长,使得其计算消耗急剧增加,在应对大规模水电系统调度问题时相对乏力,算法性能仍有较大提升空间。为此,本书在分析 POA 问题的基础上,提出了结合均匀试验设计的均匀逐步优化算法(uniform progressive optimality algorithm,UPOA),该方法首先将多阶段复杂决策问题分解为多个两阶段子问题,然后将子问题的求解视为多因素多水平试验设计的开展,利用均匀设计表选取部分极具代表性的状态变量参与计算，并利用逐次逼近原理不断提升优化结果质量[27]；理论分析表明，UPOA 可以显著降低算法的计算复杂度，大幅削减算法的计算量与存储量。此外，本书还从以下两个方面保证算法的实用性与高效性：①初始解生成策略，算法首先根据各水电站的前期实际运行工况估算其平均发电量，然后依次对各水电站采用切负荷方法生成初始解；②可行域辨识模式，依据预设知识规则将多种复杂约束统一转化为指定的流量约束，缩小算法可行搜索空间，进而提升算法的寻优效率。实践结果表明，所提方法能够快速获得符合工程实际情况的优化调度结果，是一种能为大规模水电系统提供有力技术支持的实用方法。

7.2　梯级水库群短期调峰调度模型

7.2.1　目标函数

通常情况下，在给定系统负荷后，电网综合考虑调度期内各水电站水位、出力等相关约束，使得经过水电调节作用后的余留负荷尽可能光滑平坦，降低火电机组频繁启停消耗，进而提升电力系统的整体运行效率。因此，本书采用调峰电量最大模型，目标是使得剩余负荷最大值 F 达到最小，公式为

$$\min \left\{ F = \max_{1 \leqslant j \leqslant J} \{\varphi_j\} \right\} \tag{7.1}$$

其中

$$\varphi_j = C_j - \sum_{i=1}^{I} P_{i,j} \tag{7.2}$$

式中：C_j 为系统在时段 j 的负荷值，kW；φ_j 为系统在时段 j 的剩余负荷，kW；J 为时段数目；j 表示时段序号，$j=1, 2, \cdots, J$；I 为电站数目；i 为电站序号，$i=1, 2, \cdots, I$；$P_{i,j}$ 为电站 i 在时段 j 的出力。

由于式（7.1）为典型的极小-极大问题，不利于求解，故采用凝聚函数法构建等效的目标函数，将其转化为易于求解的目标形式：

$$\min \left\{ F_1 = \frac{1}{p} \ln \left\{ \sum_{j=1}^{T} e^{p \left\{ \varphi_j - \max_{1 \leqslant j \leqslant T} \varphi_j \right\}} \right\} + \max_{1 \leqslant j \leqslant T} \varphi_j \right\} \tag{7.3}$$

式中：F_1 为转化后的目标；p 为精度控制参数。

7.2.2　约束条件

在计算过程中，各水库除满足 6.2.2 节所示水量平衡方程、库容限制约束、发电流量约束、出库流量约束、出力约束、始末库容限制、总出力限制等复杂限制外，还需考虑水库在相邻时段的出力升降能力，即出力爬坡约束，计算方式如下：

$$|P_{i,j} - P_{i,j-1}| \leqslant P_{i,j}^a \tag{7.4}$$

式中：$P_{i,j}^a$ 为水库 i 在时段 j 的出力变幅。

7.3　均匀逐步优化法（UPOA）

7.3.1　逐步优化算法

逐步优化算法求解水库群调度问题步骤如下：在给定系统初始轨迹后，POA 首先将多阶段复杂问题划分为若干两阶段子问题，然后分别将时段末水位、时段出库流量作为水库的状态值与决策值，采用下式依次得到各子问题的最优解，并利用所得优化结果更新系统初始轨迹，如此循环迭代，重复上述过程直至满足终止条件。

$$F_1(\boldsymbol{Z}_{j-1}, \boldsymbol{Z}_{j+1}) = \min_{\boldsymbol{O}_j \in s_j^O} \{F_1(\boldsymbol{Z}_{j-1}, \boldsymbol{O}_j) + F_1(\boldsymbol{O}_j, \boldsymbol{Z}_{j+1})\} \tag{7.5}$$

式中：$\boldsymbol{S}_j^O$ 为系统在时段 j 的决策变量集合；$\boldsymbol{Z}_j$、$\boldsymbol{O}_j$ 分别为系统在时段 j 的状态变量与决策变量，并有 $\boldsymbol{Z}_j = [Z_{1,j}, Z_{2,j}, \cdots, Z_{I,j}]^T$、$\boldsymbol{O}_j = [O_{1,j}, O_{2,j}, \cdots, O_{I,j}]^T$。

POA 具有搜索性能优越、易于编程实现等优点，故在水电调度领域得到广泛应用。然而，由于 POA 在求解子问题时需要遍历 $\boldsymbol{S}_j^O$ 内所有元素，在电站数目较多时，仍会面临严重的维数灾问题。原因分析如下：设定任意元素 $\boldsymbol{O}_j$ 在调节计算过程中均需要单位存储单元与计算量；根据排列组合原理，$\boldsymbol{S}_j^O$ 由所有电站的离散决策变量值通过全面组合构造得到，其元素个数如下式所示；特别地，若 $\forall i$，j，$k_{i,j} = k$，则集合 $\boldsymbol{S}_j^O$ 中的元素数目为 k^I，显然 POA 的计算复杂度约为 $O(k^I)$，其计算消耗将随系统规模呈指数增长。因此，传统 POA 算法面临严重的维数灾问题，难以应对大规模水库群优化调度，需要对其加以改进以满足工程实用化需求。

$$|\boldsymbol{S}_j^O| = \prod_{i=1}^{I} k_{i,j} \tag{7.6}$$

式中：$|\boldsymbol{S}|$ 为集合 $\boldsymbol{S}$ 的基数；$k_{i,j}$ 为电站 i 在时段 j 的决策变量离散数目。

7.3.2　均匀试验设计

均匀试验设计是由我国数学家方开泰与王元借鉴数论中的一致分布理论和多元统计原理而提出的试验设计方法。设定试验共涉及 n 个均具有 k 个水平的因素，显然全面试验需要 k^n 个方案，规模十分庞大；而均匀设计力求通过最少的试验次数来获得最多的信息，只需按照特定的策略从全部方案中选取 n 个在积分范围内均匀散布并充分接近被积函数的试验点，即可充分反映客观事物的主要特征。相比于经典的正交试验设计，均匀设计不关注试验点的整齐可比性，只考虑试验点在试验空间内的均衡分布特性，能够显著降低试验规模，特别适用于处理大规模多因素多水平试验设计和系统模型完全未知的情况[90-91]。例如，某试验共有 5 个因素，各因素均取 31 个水平，则全面

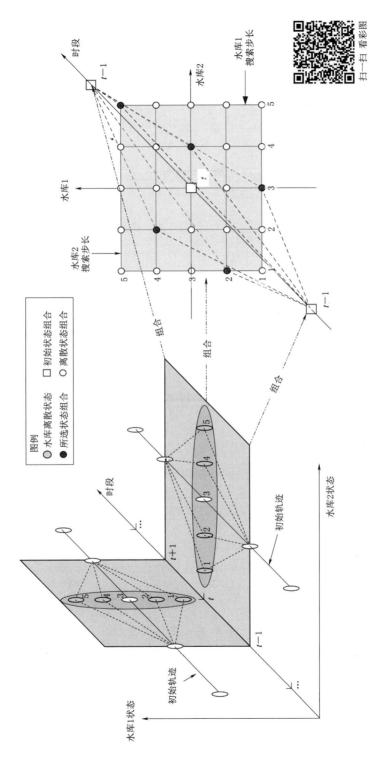

图 7.1　POA 方法示意图

试验共有 $31^5 = 28629151$ 种组合，采用正交设计大约需要开展 $31^2 = 961$ 次试验，而均匀设计只需评估 31 组方案，显然能够大幅提高试验开展效率。

均匀设计利用精心设计的均匀设计表来安排试验，同时各均匀设计表都附有相应的使用表，用以根据因素个数选取指定的列来安排试验。均匀设计表记为 $U_m(k^n) = (a_{i,j})_{k \times n}$，其中 U 表示均匀设计；n 为因素数目；k 为因素水平数；k^n 表示全面试验次数；m 为均匀试验次数，且 $m = k$；$a_{i,j}$ 表示第 i 个试验方案中因素 j 相应水平，且 $a_{i,j} \in \{1, 2, \cdots, k\}$；第 i 行表示第 i 个试验方案；第 j 列包含第 j 项因素所有可能水平。表 7.1 为 $U_5(5^4)$ 均匀设计表及其使用表，可以看出：各因素不同水平（1、2、…、5）仅需开展一次试验；任意两因素相应水平组合（如因素 Ⅰ 与 Ⅱ 的 1—2、2—4）仅出现 1 次，且在平面坐标上分布均匀，每行每列有且仅有一个试验点；在开展试验时，需要根据因素个数查找相应使用表，并在指定的列上安排各因素，如某试验共有 3 个均具有 5 个水平的因素，则应当选用列 Ⅰ、Ⅱ 与 Ⅳ。由此可知，采用均匀试验设计安排方案，能够保证试验点具有均匀分布的统计特性。

表 7.1　　　　　　　　　　　$U_5(5^4)$ 均匀设计表及其使用表

均 匀 设 计 表					相 应 使 用 表				
试验号	列号（因素）				因素个数	所选列号			
	Ⅰ	Ⅱ	Ⅲ	Ⅳ					
(1)	1	2	3	4	2	Ⅰ	Ⅱ	—	—
(2)	2	4	1	3	3	Ⅰ	Ⅱ	Ⅳ	—
(3)	3	1	4	2	4	Ⅰ	Ⅱ	Ⅲ	Ⅳ
(4)	4	3	2	1					
(5)	5	5	5	5					

7.3.3　均匀逐步优化算法

从试验设计角度看，POA 在求解子问题时，采用全面试验设计来构造单阶段决策变量集合，在系统规模较小时能够快速完成相关计算，但是由于搜索空间随电站与决策变量数目的增多而急剧扩张。例如，假定水电系统有 9 个电站，各电站均将决策值离散 5 份，显然组合数目高达 $5^9 = 1953125$，此时决策空间十分庞大，既降低了求解效率，使得算法很难在合理时间里完成寻优工作；又增大了存储占用，很可能引发内存溢出、无法完成计算的问题。因此，如何减少决策变量集合元素个数就成为避免维数灾问题的关键所在。

为此，本书提出结合均匀试验设计与逐步优化算法的均匀逐步优化算法。该方法首先完成一定的思维过程转换，将单阶段决策变量集合的获取转化为一次多因素多水平试验设计任务的开展，具体描述如下：目标函数的取值视为评价方案优劣的试验指标值；任意水库均视为影响试验指标的因素，各水库的决策值离散数目视为因素水平个数；水库 i 的第 k 个离散决策值等价于因素 i 的第 k 个水平取值；各决策值的取值范围对应于限定试验的区域范围；系统中各水库决策值构成的决策变量等价于因素相应水平组合，即 1 项试验方案；所有决策变量构成的集合为全部试验方案。然后利用均匀设计表从决策变量集合中选取少数极具代表性的决策变量进行计算，避免开展全面试验，进而降低方法的计算复杂度。总体而言，UPOA 与 POA 不同之处在于单时段决策变量集合的构造方法，其他计算步骤基本相同，二者均需要在给定初始试验轨迹后，通过多轮次逐次加密搜索不断改善寻优质量，循环迭代直至满足收敛条件。

由于 UPOA 采用均匀设计表及其使用表构造决策变量集合，由 7.2 节可知，UPOA 的单阶段决策变量数目为 k，故其计算复杂度可由 POA 的 $O(k^I)$ 降低至 $O(k)$，在相同计算条件下能够极大提高算法的解算效率与求解规模。假定系统中共有 2 座电站，各电站的决策值均离散 5 份，则 UPOA 与 POA 子问题计算对比如图 7.2 所示。可以看出，①存储量：POA 采用全面试验设计，在时段 j 共需存储 $5^2=25$ 个决策变量；UPOA 利用 $U_5(5^4)$ 均匀设计表中 I 与 II 列安排试验，只需构造 5 个决策变量，存储量大幅降低；②计算量：两算法均需遍历相邻两个时段（$j-1 \to j$ 和 $j \to j+1$）的决策变量集合，故 POA 需要 50 次调节计算，而 UPOA 只需 10 次调节计算，计算量降低了 80%。综上，UPOA 能够大幅降低计算复杂度，可以快速完成大规模水电调度作业。

7.4 UPOA 求解梯级水库群短期调峰调度问题

由于水电短期调度涉及大量的时空耦合型约束，极大地增加了系统的复杂性。为此，本书进一步提出适用于问题特点的初始解生成策略与复杂约束处理策略，以保证算法计算效率与求解精度。

7.4.1 初始解生成策略

在制作 l 日的短期发电调度计划时，首先从水调自动化系统中提取各水电站在前一调度周期（$l-1$）的平均耗水率 σ_{l-1}，若无数据则将电站的多年平均耗水率作为计算参考；然后顺序计算各水电站的总下泄流量，估算各电站的总出力 $\widetilde{N}_l^i$；最后依据电站拓扑关系采用逐次切负荷方法获得各水电站的初始出力过程，并采用以电定水方式获得电站详细的调度过程。另外，需要说明的是，下游电站所面临的负荷过程采用下式计算，即系统负荷扣除所有已完成计算电站的总出力过程。

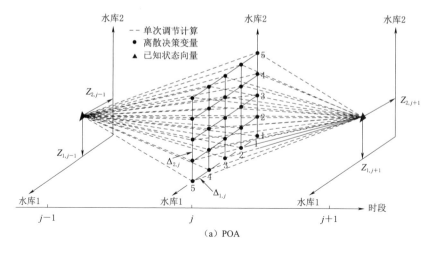

（a）POA

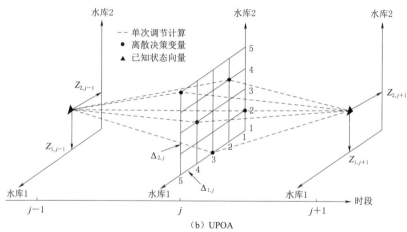

（b）UPOA

图 7.2 UPOA 与 POA 子问题计算对比

$$\widetilde{N}_i^1 = f(V_{i,0}, V_{i,T}, \sigma_{l-1}, q_i^1) \tag{7.7}$$

$$C_{i,j}^1 = \begin{cases} C_j, & \Omega_i = \varnothing \\ C_j - \sum_{m \in \Omega_i} \widetilde{N}_{m,j}, & \text{其他} \end{cases} \tag{7.8}$$

式中：q_i^1 为水库入库流量；$f(\cdot)$ 为水库出力与平均耗水率、入库流量、时段始、末库容之间的关系；$C_{i,j}^1$ 为水库 i 所面临的系统负荷过程；Ω_i 为已参与计算水库集合；$\widetilde{N}_{m,j}$ 为切负荷所得水库 m 在时段 j 的出力，kW。

7.4.2 复杂约束处理策略

在短期调度中，与电站级别相关约束可以大致分成库容（水位）、出力、流量等三大类约束。因此，在求解 UPOA 子问题时，可以通过下面的步骤将相关约束统一转化为相应的出库流量约束，以动态辨识可行搜索空间，减少无效决策的额外计算消耗。

（1）在给定初始库容与入库流量之后，出库流量与时段末库容呈现反比关系：出库流量越大、时段末库容越小。故可利用水量平衡方程将时段末库容约束转化为出库流量约束 S_1。

（2）为满足最小发电流量与最小出库流量，电站下泄流量下限必然要取二者中的较大值；但对下泄流量上限值而言，仍需以最大出库流量为准，这是因为破坏发电流量上限未必超过最大出库流量，故采用下式获得相应的出库流量约束 S_2。

$$\max\{\underline{O}_{i,j}, \underline{q}_{i,j}\} \leqslant O_{i,j} \leqslant \overline{O}_{i,j} \tag{7.9}$$

（3）水库在相邻时段以最大速率进行上爬坡或者下爬坡操作时，仍然不能超过出力限制，故可采用下式对二者进行集成：

$$\max\{\underline{P}_{i,j}, P_{i,j-1} - P_{i,j}^a\} \leqslant P_{i,j} \leqslant \min\{\overline{P}_{i,j}, P_{i,j-1} + P_{i,j}^a\} \tag{7.10}$$

然后估算水电站 i 在调度期内的平均耗水率，并转化为相应的出库流量约束 S_3。由于这种转化会存在误差，可以将 S_3 扩大一定比例以保证约束的可行性。在完成上述步骤后，取集合 S_1、S_2 与 S_3 的交集即可获得满足大部分约束的决策变量区间；此时仍有水电总出力限制等约束未能完成转化，则进一步采用惩罚函数法加以处理。

7.4.3 总体计算框架

本书总体求解框架如图 7.3 所示，由初始解生成策略、复杂约束处理策略与两阶段优化算法等 3 部分核心内容组成，其中初始解生成策略可以利用各电站自身实际工况快速确定合理的工作位置；复杂约束处理策略综合采用惩罚函数法、知识规则等来削减非可行决策的冗余计算，以提高算法寻优效率；两阶段优化算法有机结合 POA 与均匀试验设计优点，大幅降低算法计算复杂度，并利用逐次逼近原理快速改善优化结果质量，切实保证解的合理性与实用性。

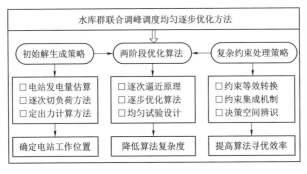

图 7.3 逐步优化算法总体求解框架

本书总体计算流程如下：

（1）设定初始条件与计算参数，包含各电站运行条件、水电系统带宽等，搜索步长 h、决策变量离散数目、终止精度 ε、均匀设计表等。

（2）置计数器 $k=1$，并采用 7.1 节方法获得各水电站的初始运行轨迹，记为 $\boldsymbol{V}^k=(V_{i,j}^k)_{N \times T}$，其中 $V_{i,j}^k$ 表示第 k 轮迭代时电站 i 在时段 j 的库容。

（3）令 $k=k+1$，$t=J-1$，并设定临时轨迹 $\boldsymbol{V}^k=\boldsymbol{V}^{k-1}$。

（4）采用 7.2 节方法得到各电站决策变量搜索范围，然后构造决策变量集合，从中获得子问题 t 的最佳决策变量并更新轨迹 $\boldsymbol{V}^{k+1}$。

（5）令 $t=t-1$，若 $t>0$，则返回步骤（4）；否则判定是否满足 $\|\boldsymbol{V}^{k+1}-\boldsymbol{V}^k\| \leqslant \varepsilon$，若满足，则缩减步长；否则不做处理。最后跳转至步骤（6）。

（6）判定是否满足终止条件，若 k 达到最大迭代次数或者 $\|h\| \leqslant \varepsilon$，则停止计算，并输出最终调度结果；否则返回步骤（3）。

7.5　实例分析

7.5.1　工程背景

贵州电网现阶段以水电和火电为主，2015 年统调大水电装机容量约为1200 万 kW，占比超过全网统调装机容量的 30%。水电是贵州电网的主力调峰电源，同时也担负着服务风能、光伏能等清洁能源大规模并网发电与运行消纳的战略任务。因此，亟须开展水库群调峰调度问题相关研究，以尽可能利用水电优越调节性能来削减系统负荷峰谷差，进而降低火电消耗、提高资源利用率。本书选取贵州电网管辖的 17 座水电站作为研究对象，这些电站主要分布在六冲河（乌江干流）、三岔河、清水河与猫跳河等 4 大流域，相应拓扑结构如图 7.4 所示，调节性能多样，水力、电力联系复杂，优化调度难度很大。因此，为保证系统的可建模计算，首先按照梯级电站之间的水力联系将电站分解 4 组，然后对各组采用相应的求解方法完成优化计算。其中，洪家渡至沙沱等 7 座电站为第 1 组；普定、引子渡、东风至沙沱等 8 座电站为第 2 组；红枫至红岩、再由索风营至沙沱等 11 座电站为第 3 组；大花水、格里桥、构皮滩至沙沱等 5 座电站为第 4 组。

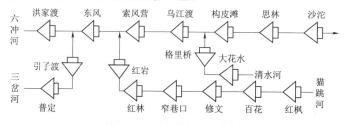

图 7.4　水库群拓扑结构图

7.5.2　结果分析

选取某典型日下实际系统负荷作为相应约束，该日的负荷峰谷差达到了 4629MW，最小日负荷率约为 70.9%，电网面临较为严峻的调峰压力。图 7.5 给出了逐步优化算法与所提方法所得调度过程，表 7.2 列出了相应的剩余负荷统计指标与运算时间。可以看出：①两种方法均可合理分配各电站出力过程，使得各电站动态响应系统负荷变化趋势，在低谷时段（4：00—6：00）自动降低出力，并集中在负荷高峰时段进行发电，以便快速调节系统峰值及其附近时段负荷；②POA 与所提方法分别将峰谷差降低了 63% 与 66%，平均剩余负荷大致为原始系统负荷的 80.5%，二者所得剩余负荷的日负荷率分别为 95.3%、96.9%，最小负荷率分别为 85.53%、86.61%，显然二者都取得了较为显著的调峰效果，使得余留给其他电源的负荷较为平滑，有利于其他电源的平稳有序调度，切实缓解了电网的调峰压力；③从运行时间上看，

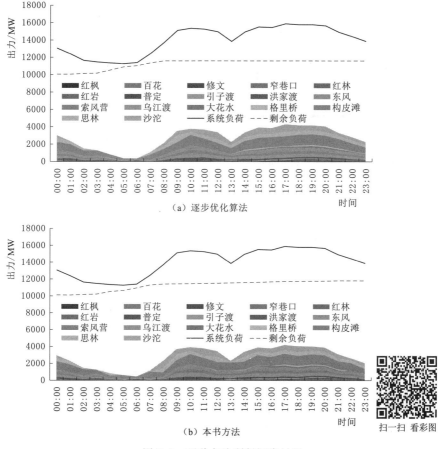

（a）逐步优化算法

（b）本书方法

扫一扫 看彩图

图 7.5　两种方法所得调度过程

POA 大约需要 3min 方能完成调节计算操作，而所提方法所需计算时间不足 40s，降幅高达 79%，显然取得十分显著的计算加速效果。

表 7.2　　　　　　　　　　　不同方法计算结果对比

项　目	剩余负荷统计指标			计算时间/s
	平均值/MW	均方差/MW	负荷率/%	
原始负荷	13981.7	1632.6	87.97	—
所提方法	11255.8	595.8	95.26	38.7
逐步优化算法	11247.2	573.4	96.85	183.6

　　主要原因分析如下：所提方法首先根据电站实际运行工况快速生成相对合理的初始解，改善了初始解质量；然后利用预设的知识规则科学辨识可行搜索空间，并采用均匀逐步优化算法在可行域内优选典型的决策变量；通过上述机制的动态集成，在保障算法良好搜索性能的同时，减少了其在非可行决策变量中的额外开销，使得算法得以快速完成寻优计算工作，大幅减少了计算耗时。而逐步优化算法仍然采用相对传统的枚举操作，需要遍历预设条件下所对应的决策变量集合，虽然这能够有效保证搜索空间的全面性，获得更为优越的计算结果，但是不可避免地增加了计算消耗，增大了算法的计算量与存储量，进而造成算法执行效率的降低。综上，所提方法可以兼顾求解效率和优化结果质量，不失为一种求解水电调度问题的可行方法。

　　为说明复杂约束处理策略的有效性，以普定水电站为例进行说明，工作人员在日常调度中一般将该电站各时段水位运行上、下限分别设置为正常高水位（1142m）、死水位（1126m），此时单时段水位区间长度为 16m，搜索范围较大；采用 7.3.2 节方法对水位搜索范围进行修正，计算结果详见表 7.3，可以看出各时段水位搜索区间均不足 0.37m，降幅高达 97.7%。为此，进一步将原始水位范围作为搜索条件，并采用 7.3.1 节方法生成初始解，采用 UPOA 进行调节，则最终计算结果质量有所下降，剩余负荷均方差增大为 808.4MW，同时运行时间也增加了 63.1s。综上，通过有机集成水位、流量等多种复杂运行约束，可以充分利用约束信息来科学辨识可行水位区间，将非可行搜索空间剥离出来，有利于提升算法的计算效率与收敛速度。

　　采用等流量法生成初始解，并耦合 7.3.2 节方法与 UPOA 进行求解，以检验其对不同初始解的响应能力。图 7.6 给出了相应调度结果，可以看出，水电系统仍然集中在高峰时段进行发电，扣除水电总出力之后的剩余负荷依然相对平坦，说明所提方法能够获得相对合理的计算结果，对不同初始解具有良好的适应能力；但是，算法迭代次数增加了 23 次，而且余荷均方差增大了 21%，光滑性明显下降，这从侧面反映了本书初始解生成策略对算法性能

表 7.3　　　　　　　　复杂约束集成下的水位搜索范围（普定水电站）

时间	水位上限/m	水位下限/m	时间	水位上限/m	水位下限/m
01：00	1137.004	1136.643	13：00	1137.179	1136.826
02：00	1137.011	1136.649	14：00	1137.195	1136.842
03：00	1137.027	1136.663	15：00	1137.210	1136.858
04：00	1137.041	1136.675	16：00	1137.226	1136.874
05：00	1137.057	1136.690	17：00	1137.241	1136.890
06：00	1137.069	1136.701	18：00	1137.257	1136.906
07：00	1137.085	1136.719	19：00	1137.273	1136.921
08：00	1137.101	1136.738	20：00	1137.288	1136.937
09：00	1137.116	1136.757	21：00	1137.304	1136.953
10：00	1137.132	1136.775	22：00	1137.319	1136.969
11：00	1137.148	1136.794	23：00	1137.335	1136.984
12：00	1137.163	1136.810	24：00	1137.000	1137.000

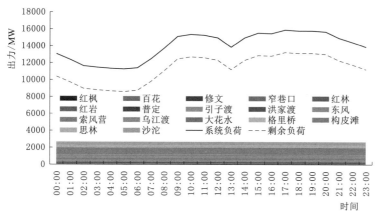

（a）等流量法所得初始调度过程

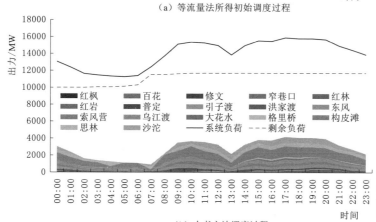

（b）本书方法调度过程

扫一扫 看彩图

图 7.6　从等流量初始解出发所提方法所得调度过程

具有良好的促进作用；同时也表明针对同一优化调度问题，从不同初始解出发所得结果不尽相同，因而需要采用合理的机制生成初始解，以利于算法快速收敛至合理调度结果。

综上，通过本书所提方法与策略的有机嵌套，可以快速获得满意的水电系统优化调度结果，能够为快速发展中的大水电调度运行提供一种行之有效的方法。

7.6 本章小结

伴随我国水电系统的迅猛发展，如何科学、高效地开展水电调度作业是亟待研究的重大工程实际问题。本书立足我国水电调度实际需求，提出一种水库群联合调峰调度均匀逐步优化方法，通过理论分析与工程实践获得如下结论：

(1) 合理利用电站实际运行工况信息快速生成初始解，有助于优化方法快速获得满意的计算结果，切实保障调度过程的可行性与适用性。

(2) 本书所提的复杂约束集成方法，能够科学辨识多重复杂约束综合作用下的搜索空间，削减无效决策变量的冗余计算，利于提高算法的寻优效率。

(3) 本书所提的均匀逐步优化算法有机结合传统逐步优化算法与均匀试验设计的优点，可以快速获得满意的调度结果；同时，大幅降低了算法计算复杂度，能够显著提升水库调度的解算规模与运算效率。

第8章

梯级水库群中长期多目标调度高效优化方法

8.1 引言

伴随我国各大流域巨型水电站的相继投产运行以及全国互联智能电网的平稳有序推进，梯级水库群已逐步成为承载多重利益主体诉求的运行单元。发电量（发电效益）最大等单目标调度模型仅能从某一方面考虑梯级总体发电效益最大化，未能有效涉及丰枯峰谷时段的特性差异，极易造成电能在年内的分布失衡，甚至引发部分时段面临"无水可发""无电可用"的现象，这在很大程度上影响了电网的平稳有序运行。因此，单一目标调度模型已不足以反映新形势下的梯级调度运行要求，亟须构建梯级水库群多目标联合优化调度模型并实现高效求解，以有效兼顾电网供电可靠性与企业发电经济性。

然而，考虑多个目标函数的梯级水库群调度运行是典型的多目标复杂决策问题，现有研究通常利用约束法、权重法、理想点法等将其转化为单一目标问题，然后利用传统的非线性规划、动态规划等单目标优化方法加以求解。上述方法虽然能够降低问题的解算难度，但是由于在转化过程中不可避免地受到决策者主观倾向等因素干扰，极易影响调度结果的客观性与方案的公正性；同时动态规划等方法所得结果信息容量相对受限，既难以科学响应多重目标导向下的梯级调度决策，又难以有效克服处理大规模水电调度问题时存在的维数灾等问题，导致其应用和推广受到严重制约。综上，研究能够有效求解梯级水库群多目标优化调度问题并快速获得多目标决策方案集合的新型方法有利于满足日益旺盛的水电调度应用需求。

同时，梯级水库群多目标调度问题是一个高维、非线性的多目标动态优化问题，其求解难度随系统规模扩张而急剧增加；日趋复杂的水力、电力联系进一步加剧了计算复杂性，增大了优化难度；调度部门对各电站的精细化控制也对优化方法提出了更高的要求。上述几方面原因导致无论求解效率还是计算精度，采用串行计算模式的多目标进化算法面临很大限制。与此同时，伴随计算机行业的快速发展，多核处理器与并行计算框架、平台等几乎已经成为个人电脑、工作站的标准配置，极大地促进了并行计算的发展与应用，使之日益成为提升算法性能的有效手段，并已逐步推广至水电调度领域实践工作。然而，截至目前，并行计算多集中在单目标调度方法的改进，在多目标优化调度问题中的研究与实践报道尚不多见。

因此，本章尝试提出梯级水库群多目标优化调度高效解算方法，将传统梯级水库群优化调度方法拓展至多目标调度领域，并利用多核并行技术实现多目标优化调度方法的并行计算，以进一步提升其算法性能和求解效率。首先，本章在构建综合考虑发电效益与容量效益的梯级水库群多目标优化调度模型基础上，选择一种新型的元启发式群体智能方法——量子粒子群算法（quantum - behaved particle swarm optimization，QPSO）为例，实现其在多目标优化调度领域的拓展，提出了结合 QPSO、外部档案集合与混沌变异算子的多目标量子粒子群优化算法（multi - objective quantum - behaved particle swarm optimization，MOQPSO）。该方法利用 QPSO 良好的寻优性能快速逼近真实的 Pareto 解集；引入外部档案集合存储种群进化过程中得到的优势个体，并根据个体支配关系对其进行动态更新和维护；采用混沌变异算子对优秀个体进行局部扰动，以提升算法的搜索性能[92]。所提方法的有效性与实用性通过了乌江流域仿真测试的检验。然后，以多目标进化算法（multi - objective evolutionary algorithm，MOEA）中的经典方法多目标遗传算法（multi - objective genetic algorithm，MOGA）为例，结合 Fork/Join 多核并行框架，提出并行多目标遗传算法（parallel multi - objective genetic algorithm，PMOGA）。该方法基于 Fork/Join 多核并行框架实现计算，并在搜索过程中耦合多种群进化策略、个体环向迁移机制、混沌初始化策略和约束 Pareto 占优机制等进一步提升方法的计算效率与寻优质量[93]。以澜沧江中下游梯级水库群为工程背景的实例计算结果验证了所提方法的可行性和高效性。

8.2　梯级水库群多目标调度模型

8.2.1　目标函数

作为梯级水库群中长期优化调度的两个主要动能指标，发电量和最小出力是获取梯级调度方案时需要均衡考虑的两个因素。实现发电量最大，可最大限度地利用水能资源以保证发电企业的生产效益；实现最小出力最大，可提升水电系统最小出力以增强水电丰枯补偿调节作用。若仅追求发电量最大，则可能加剧不同水电比重电网在汛期、枯期的弃水、调峰压力；若仅追求最小出力最大，则会直接损害发电企业的生产效益，降低其生产积极性。因此，采用兼顾发电量与最小出力的优化调度方案指导水库群的电力生产，能有效弱化径流时空分布不均的消极影响，提升水电系统的供电可靠性及市场竞争力，有利于电力系统的安全稳定运行。故本书同时考虑发电量最大 f_1 和最小出力最大 f_2 两个目标函数，模型描述如下：

(1) 发电量最大目标：

$$f_1 = \max(E) = \max\left(\sum_{i=1}^{N}\sum_{j=1}^{T} P_{i,j} t_j\right) \tag{8.1}$$

(2) 最小出力最大目标：

$$f_2 = \max(F) = \max\left[\min_{1 \leqslant j \leqslant T}\left(\sum_{i=1}^{N} P_{i,j}\right)\right] \tag{8.2}$$

式中：E 为梯级总发电量；F 为梯级最小出力；N 为电站数目；i 为电站序号；T 为时段数目；j 为时段序号；$P_{i,j}$ 为电站 i 在时段 j 的出力，kW；t_j 为在时段 j 的小时数，h。

8.2.2 约束条件

在计算过程中，各水库需要满足 6.2.2 节所示水量平衡方程、库容限制约束、发电流量约束、出库流量约束、出力约束、始末库容限制、总出力限制等复杂限制。

8.3 智能算法多目标化改进方法

8.3.1 标准量子粒子群算法

QPSO 以其良好的收敛速度与优越的搜索性能逐步在环境经济调度、组合优化等领域崭露头角，逐渐表现出了强有力的技术优势。然而，以往成果大多将 QPSO 应用于单目标优化问题求解，在多目标优化问题中的研究与应用相对较少。因此，作者着力将 QPSO 拓展至流域梯级多目标调度运行领域，以期丰富和发展水电调度多目标决策理论方法。QPSO 认为粒子是在量子空间内具有一定能量模态的个体，且其所处的位置和移动的速度难以同时量测。因此，QPSO 将个体速度项从粒子群算法进化公式中移除，只关注粒子所处的位置，并可通过以下方式获得：首先求解薛定谔方程得到粒子在空间内出现的概率密度函数，然后利用蒙特卡洛随机模拟法来估测粒子的位置方程。在 QPSO 进化过程中，各粒子在种群最优位置中心附近的 δ 势阱中逐步移动，并利用粒子群独特的记忆功能动态追踪个体历史最优位置和全局最优位置，以同步调整个体进化位置，使得个体能够以一定的概率出现在可行空间内任意位置，从而显著提升算法的全局收敛速度与搜索性能[94]。为与本书模型保持一致，设定优化目标为越大越优，种群规模为 m，变量数目为 d，最大迭代次数 $\bar{k}$，则个体 X 的相应进化公式为

$$X_i^{k+1} = \begin{cases} PP_i^{k+1} + a_k \times |mBest_i^{k+1} - X_i^k| \times \ln(1/r_1), r_2 \geqslant 0.5 \\ PP_i^{k+1} - a_k \times |mBest_i^{k+1} - X_i^k| \times \ln(1/r_1), r_2 < 0.5 \end{cases} \tag{8.3}$$

$$PP_i^{k+1} = r_3 \times PB_i^k + (1-r_3) \times GB^k \tag{8.4}$$

$$a_k = \frac{1}{\bar{k}}(a_1 - a_2)(\bar{k} - k) + a_2 \tag{8.5}$$

$$mBest^{k+1} = \frac{1}{m}\sum_{i=1}^{m} PB_i^k = \frac{1}{m}\left(\sum_{i=1}^{m} PB_{i,1}^k, \cdots, \sum_{i=1}^{m} PB_{i,d}^k\right) \tag{8.6}$$

式中：i 为个体编号，$i=1,2,\cdots,m$；k 为迭代次数，$k=1,2,\cdots,\bar{k}$；$mBest^k$ 为第 k 次迭代时种群最佳位置中心；GB^k 为第 k 次迭代时种群全局最优位置，$GB^k = \arg\max_{1 \leqslant i \leqslant m}\{PB_i^k\}$；$X_i^k$、$PB_i^k$ 分别为第 k 次迭代时第 i 个粒子的位置及其历史最优位置，$PB_i^k = \arg\max\{PB_i^{k-1}, X_i^k\}$；$a_k$ 为第 k 次迭代时的扩张-收缩因子，a_1、a_2 分别为压缩因子的初始值和终止值，一般取 $a_1 = 1.0$、$a_2 = 0.5$；r_1、r_2、r_3 分别为在 $[0,1]$ 区间内均匀分布的随机数。

8.3.2 多目标量子粒子群算法

现阶段 QPSO 通常被用于求解单目标优化问题，鲜有基于 QPSO 的多目标优化方法研究成果。因此，针对多目标优化问题计算难点和求解需求，本书提出一种基于 QPSO 的多目标量子粒子群算法（MOQPSO）。同时为实现对梯级水库群多目标调度问题的高效求解，MOQPSO 从外部档案集合、优势个体选取、混沌变异搜索等 3 个方面对 QPSO 算法实施改进，下面将对相应内容进行详细介绍。

8.3.2.1 外部档案集合的动态更新和维护

本书利用外部档案集合 S^{GB} 保存进化过程中已寻找到的优秀个体，并在迭代过程中对 S^{GB} 进行动态更新操作，以维护集合中个体数目的相对稳定。设定 S^{GB} 中所能容纳的最大个体数目为 μ，则第 k 代 S^{GB} 的更新维护步骤如下：首先获得当前种群中所有非劣解集 SF_k，并令 $S^{GB} = S^{GB} \bigcup SF_k$，然后根据支配关系对 S^{GB} 中所有个体进行非劣分层排序并计算相应的拥挤距离。其中，拥挤距离计算公式为

$$\begin{cases} I(d_1) = I(d_n) = \infty \\ I(d_i) = \sum_{o=1}^{O} \dfrac{I[i+1].f_o - I[i-1].f_o}{f_o^{\max} - f_o^{\min}} \end{cases} \tag{8.7}$$

式中：$I(d_i)$ 为非支配集 I 中个体 i 的拥挤距离；n 为非支配集 I 中个体数目；$I[i].f_o$ 为非支配集 I 中个体 i 在目标 f_o 上的函数值；o 为计算目标个数，$o=1,2,\cdots,O$；$f_o^{\max}$、$f_o^{\min}$ 分别为计算目标 o 的最大、最小函数值。

设定此时具有最低分层数目的个体集合为 SH，若 $|SH| > \mu$，说明外部存储器中个体数目已达最大容量，则需要根据拥挤距离对 SH 中个体进行降序排序，并取前 μ 个拥挤距离较大的个体构成 S^{GB}；若 SH 中个体数目仍未达到

设定容量，可以直接令 $\boldsymbol{S}^{GB}=\boldsymbol{SH}$。需要说明的是，若待求解问题仅包含 1 个目标，则直接从 $\boldsymbol{SH}$ 中选取适应度排在前 μ 名的个体组成 $\boldsymbol{S}^{GB}$。上述操作能够保证外部档案集合中精英个体的动态更新，既可避免集合 $\boldsymbol{S}^{GB}$ 中非支配个体数目无限增多影响算法效率，又能及时删除分布相对密集的个体，保证 Pareto 前沿分布的均匀性。

8.3.2.2　个体历史最优位置和全局最优位置的选择

由于在多目标优化问题中，个体历史最优位置 PB 与种群全局最优位置 GB 均不再是常规意义下的"非优即劣"，而是构成了一组互不支配的解集。因此，如何选取二者就成为多目标量子粒子群算法的关键问题之一。为此，本书借鉴经典的多目标进化算法机制来确定历史最优位置与种群全局最优位置，详细说明如下。

(1) 在新一代个体 X_i^k 产生之后，将其与个体历史最优位置 PB_i^{k-1} 进行比较，若 PB_i^{k-1} 支配粒子当前位置 X_i^k，则 PB_i^{k-1} 不予替换；若 X_i^k 支配 PB_i^{k-1}，则将 PB_i^{k-1} 更新为 X_i^k；若二者互不支配，则从中随机选择个体作为个体历史最优位置。

$$PB_i^k=\begin{cases}PB_i^{k-1},PB_i^{k-1}\succ X_i^k\\X_i^k,X_i^k\succ PB_i^{k-1}\\\boldsymbol{S}_\gamma^{PB_i^k},X_i^k\sim PB_i^{k-1}\end{cases} \tag{8.8}$$

式中：$X\succ Y$ 为个体 X 支配个体 Y；$X\sim Y$ 为 X 与 Y 互不支配；$\boldsymbol{S}^{PB_i^k}$ 为由个体 X_i^k 与 PB_i^{k-1} 构成的集合，且有 $\boldsymbol{S}^{PB_i^k}=\{X_i^k,PB_i^{k-1}\}$；$\boldsymbol{S}_\gamma$ 为从集合 $\boldsymbol{S}$ 所选取的第 γ 个元素，$\gamma=[r\cdot|\boldsymbol{S}|]$，其中 $|\boldsymbol{S}|$ 表示集合 $\boldsymbol{S}$ 基数，r 表示在 $[0,1]$ 区间内均匀分布的随机数，$[\cdot]$ 表示取整函数。

(2) 个体 X_i^k 的种群全局最优位置优先根据个体的拥挤距离数值进行确定，并以较大的概率 P_s 选择拥挤距离值最大的个体，以概率 $1-P_s$ 从其他个体中按照轮盘赌方式进行选择。特别地，若最大拥挤距离对应的个体超过两个，则从中随机选择一个作为个体所对应的全局最优位置。

$$GB=\begin{cases}\boldsymbol{S}_\pi^{GB1},r_4\leqslant P_s\\\boldsymbol{S}_\upsilon^{GB2},r_4>P_s\end{cases} \tag{8.9}$$

式中：$\boldsymbol{S}^{GB1}$ 为由外部档案集合 $\boldsymbol{S}^{GB}$ 中拥挤距离最大个体组成的子集合，且有 $\boldsymbol{S}^{GB2}=\boldsymbol{S}^{GB}-\boldsymbol{S}^{GB1}$；$\pi$、$\upsilon$ 为外部档案集合的子集中个体下标；r_4 为在 $[0,1]$ 区间内均匀分布的随机数。

由图 8.1 可知，通过前述步骤，能够确保个体的全局最优位置优先选择在目标空间内分布相对均匀的个体，同时又有一定概率获得不同领导粒子的信息指导，从而提升个体进化方向的多样性。

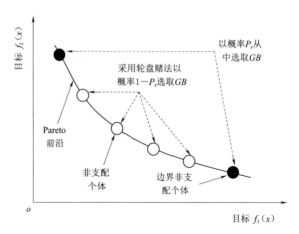

图 8.1　种群全局最优位置更新示意图

8.3.2.3　基于混沌变异算子的邻域搜索机制

考虑到优秀个体质量随着种群进化代数的增大而逐步提升，在其邻域内开展小范围搜索将有较大概率获得更优个体。为此，本书对外部档案集合中的精英个体所处位置实施局部扰动，以期搜索获得新的非劣解，保持个体多样性的同时促进算法寻优能力的提升。为避免无规律的随机变异方式引发个体退化现象，本书采用内在结构精致的混沌立方映射实施变异操作。

若变异所得个体 X_i' 支配原个体 X_i，则直接令 $X_i = X_i'$；否则以一定概率进行替换。通过引入混沌变异算子，能够在很大程度上提升种群多样性，增强算法跳出局部最优的能力。

$$\begin{cases} X_i' = X_i \times (1 + \phi \times Z_n) \\ Z_n = 4(Z_{n-1})^3 - 3Z_{n-1} \\ \phi = 1 - (k-1)/\overline{k} \end{cases} \tag{8.10}$$

式中：ϕ 为变异控制因子；Z_n 为混沌序列，且有 $Z_n \in [-1, 1]$。

8.3.3　基于 MOQPSO 的梯级水库群多目标优化调度

8.3.3.1　复杂约束条件处理策略

由 8.2.2 节描述可知，梯级水库群多目标调度问题所涉及的复杂约束条件主要分为两类：一类是水量平衡方程和流量平衡方程组成的等式平衡约束；另一类是库容（水位或蓄水量）、流量、出力等限制区间组成的不等式容量约束。针对这两类约束分别采取如下策略进行处理。

（1）等式平衡约束：按照水力联系从上游至下游依次对各水电站采用"以水定电"方式完成调节计算，计算过程中强制满足调度期内此类约束。

（2）不等式容量约束：首先判断个体对应变量是否满足限制条件，若满足则无需处理；若不满足则首先利用惩罚函数法处理相应的约束破坏项，然后将其设定为边界值并按照下式完成各目标计算：

$$F' = F - \sum_{j=1}^{T} \sum_{g=1}^{G_j} \varphi \mid R_{j,g} \mid \qquad (8.11)$$

式中：F、F'分别为约束破坏项处理前后各目标函数值；G_j为个体在时段j的约束破坏项个数；$R_{j,g}$为个体在时段j的第g项约束破坏项；φ为相应的惩罚因子。

8.3.3.2　MOQPSO 总体求解框架

MOQPSO 求解梯级水库群多目标调度问题描述如下：依次对各电站在调度期内的水位运行序列进行编码，各粒子均分别表示一种可能的水位运行方案；评估计算各粒子相应目标函数并更新外部档案集合；对外部档案集合中部分个体开展变异搜索；根据 QPSO 进化公式指导粒子完成各自位置的更新工作，由此促使种群不断进化直到满足终止条件；最后输出所得 Pareto 解集及相应的调度运行信息。MOQPSO 总体求解框架如图 8.2 所示，详细步骤如下：

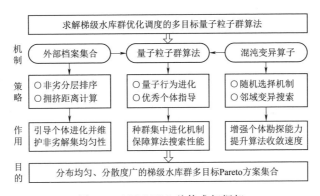

图 8.2　MOQPSO 总体求解框架

（1）设定参与计算电站集合，并设置各电站水位限制、出力范围等约束条件，以及种群规模 m、外部档案个体数目上限 μ、概率 P_s 等计算参数。

（2）初始化设定规模的粒子种群，并令迭代次数 $k=1$，外部档案集合 $\boldsymbol{S}^{GB}=\varnothing$。

（3）评估计算各粒子相应的目标函数，并将当前种群中的非支配解提取出来，然后采用 8.3.2.1 节方法计算个体所处的层级及相应拥挤距离，据此更新外部档案集合以保持精英个体数目的相对稳定。

（4）更新每个粒子的个体历史最优位置：若 $k=1$，则直接令 $\forall i$，$PB_i^k = X_i^k$；否则采用 8.3.2.2 节方法获得每个粒子的历史最优位置，以确保引导方向的有序交接。

（5）选取外部档案集合中部分个体作为待变异对象，并采用8.3.2.3节方法完成变异搜索操作，以提升算法的搜索能力。

（6）利用8.3.2.2节方法选择各个粒子所对应的全局最优位置，以提升个体进化方向的多样性；然后完成各粒子位置的进化，同时确保所得位置仍然处于可行水位运行范围之内，以确保解的可行性。

（7）令 $k = k + 1$，然后判定是否满足终止条件：若 $k \leqslant \bar{k}$，则转至步骤（3）；否则转至步骤（8）。

（8）停止计算，并输出外部档案集合中所有的 Pareto 解集及其详细调度信息。

8.3.4 应用实例

8.3.4.1 工程背景

本书以我国 13 大水电基地之一的乌江流域作为研究对象。乌江流域总装机容量高达 8315MW，在"西电东送"战略部署中占有重要地位；其干流拥有洪家渡、构皮滩 2 座多年调节水库，东风、乌江渡 2 座不完全年调节水库，以及索风营等 3 座日调节水库。乌江流域梯级水库群拓扑结构如图 8.3 所示，特征参数见表 8.1。采用 Java 语言编制相应算法程序，并选用不同情境下梯级联合调度方案的制定来检验所提方法的有效性。

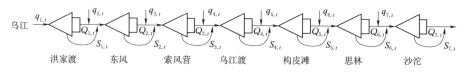

图 8.3 乌江流域梯级水库群拓扑结构

表 8.1 乌江流域梯级水库群特征参数

序号	电站名称	出力系数	装机容量/MW	调节性能	正常高水位/m	死水位/m	正常高库容/亿 m³	死库容/亿 m³
1	洪家渡	8.00	600	多年调节	1140	1076	44.97	11.37
2	东风	8.35	695	不完全年调节	970	936	8.64	3.74
3	索风营	8.30	600	日调节	837	822	1.69	1.01
4	乌江渡	8.00	1250	不完全年调节	760	720	21.40	7.80
5	构皮滩	8.50	3000	多年调节	630	590	55.64	26.62
6	思林	8.50	1050	日调节	440	431	12.05	8.87
7	沙沱	8.50	1120	日调节	365	353.5	7.70	4.83

8.3.4.2 实例分析 1：洪家渡与东风双库单目标联合调度

由于单目标优化问题可视为多目标优化问题的特例，因而优秀的多目标优化算法应当能够获得单目标问题的优质结果，同时考虑到单目标优化问题便于比较分析，故首先分别选择洪家渡与东风 2 座水电站的发电量最大 f_1、最小出力最大 f_2 两个单目标模型作为研究实例，并选用动态规划（DP）方法作为对比基准。表 8.2 列出了某平水年不同目标下两种方法计算结果对比，其中动态规划的状态离散数目取为 100；MOQPSO 的种群数目与最大迭代次数均设置为 500，外部档案集合个体数目 u 为 30，概率 $P_s = 0.7$。可以看出：

（1）仅靠单一目标模型驱动很难兼顾经济性与可靠性，如 DP 与 MOQPSO 在发电量最大模型中得到的系统最小出力分别为 94.7MW、19.2MW，远小于最小出力最大模型中 382.5MW 与 391.7MW 的计算结果，表明单纯追求发电效益最大化会不可避免地影响系统发电稳定性，这也为 MOQPSO 提供了广阔应用空间。

（2）MOQPSO 在不同模型中的优化目标与 DP 不相上下，甚至略有胜出，如发电量最大模型中 MOQPSO 能够获得与 DP 一致的结果；最小出力最大模型中 MOQPSO 所得结果较 DP 增加 9.2MW。但是 DP 需要大概 6.5h 才能完成计算，而所提方法仅需要 7s 左右即可完成寻优工作。原因分析如下：MOQPSO 采用性能较为优越的 QPSO 作为基础算法，利用外部档案集合存储优势个体以指导种群进化，并采用混沌变异算子开展局部寻优，使得算法具有良好的全局搜索能力，能够在较短时间内获得高质量调度结果；而动态规划需要遍历所有的离散状态组合，虽然能够保证获得设定离散精度下的全局最优解，但是不可避免地增大了计算量与存储量，维数灾问题突出，故需要较多的运算时间完成寻优工作，同时也使其优化结果受到离散精度限制，性能表现相对较差。综上，MOQPSO 在不同目标情景中均能快速获得良好调度结果，为梯级水库群调度运行提供了一种可选的方法。

表 8.2   **DP 与 MOQPSO 在不同目标下的计算结果**

目标函数	算法	出 力 /MW												电量/(亿 kW·h)	耗时
		1月	2月	3月	4月	5月	6月	7月	8月	9月	10月	11月	12月		
f_1	DP	**94.7**	101.3	170.6	213.1	390.6	983.0	1064.8	930.5	337.0	363.4	816.3	276.5	42.11	6.51h
	MOQPSO	45.6	**19.2**	157.2	206.8	510.0	1011.5	1064.6	930.4	337.0	363.4	854.3	239.5	42.11	7.10s
f_2	DP	384.9	382.6	796.7	444.0	**382.5**	383.0	382.8	382.6	436.7	383.3	397.0	387.0	37.68	6.54h
	MOQPSO	426.5	479.7	472.0	392.6	393.6	635.1	393.0	407.0	396.7	**391.7**	392.3	391.8	37.81	7.29s

注 表中加粗字体表示系统在调度期内的最小出力。

8.3.4.3　实例分析 2：洪家渡与东风双库多目标联合调度

为检验 MOQPSO 求解多目标优化问题的性能表现，构建同时考虑发电量最大与最小出力最大的多目标调度模型进行求解。表 8.3 列出了 MOQPSO 计算所得 Pareto 解集，可以看出：

（1）从总体上看，发电量变幅明显小于最小出力变幅，如方案 1 与方案 30 相比，电量减少了 1.04 亿 kW·h，而最小出力却能够增加 373.71MW，主要因为在偏丰来水条件下两库区间径流来水量较大，增大了梯级整体发电能力与效率，但是由于径流时空分布差异，导致系统在调度期内的出力相差较大，故各方案总电量相差较小、最小出力相差较大，这也说明在丰水年能够以较小的效益损失实现最小出力的显著增加。

（2）从方案 1 到方案 30，发电量与最小出力分别呈现逐渐减小和逐渐增大的变化趋势，如发电量由 50.47 亿 kW·h 逐渐降低至 49.43 亿 kW·h，而最小出力相应地由 111.11MW 增加至 484.82MW，表明梯级总电量与最小出力呈现出"此消彼长"态势，进一步说明二者是彼此冲突、相互制约的，如何有效兼顾经济性与可靠性将直接关系到水电系统的整体运行效率。

（3）此外，所提方法能获得一组散布均匀、分布合理的 Pareto 解集，可为调度人员提供丰富的决策参考信息，有利于指导水电系统优质稳定运行。

表 8.3　　　　　　　　　　　MOQPSO 计算所得 Pareto 解集

方案编号	发电量/(亿 kW·h)	最小出力/MW	方案编号	发电量/(亿 kW·h)	最小出力/MW
1	50.47	111.11	16	49.98	409.85
2	50.46	139.99	17	49.95	418.15
3	50.44	174.54	18	49.92	424.46
4	50.42	209.60	19	49.88	430.36
5	50.40	232.34	20	49.84	437.78
6	50.38	254.62	21	49.80	444.64
7	50.33	287.28	22	49.77	449.29
8	50.31	300.49	23	49.73	455.28
9	50.27	323.98	24	49.69	461.23
10	50.21	348.14	25	49.64	466.06
11	50.18	358.57	26	49.59	473.07
12	50.15	365.76	27	49.55	474.67
13	50.11	380.79	28	49.51	477.81
14	50.05	396.36	29	49.48	480.94
15	50.02	402.04	30	49.43	484.82

8.3.4.4 实例分析3:乌江梯级多目标联合调度

为验证MOQPSO求解高维决策问题的有效性,选择乌江7座水库在不同来水条件下的多目标优化调度问题进行求解。图8.4列出了MOQPSO计算所得不同水文年的非劣解集,可以看出:

(1) 3种来水情况下的非劣解集形态虽各不相同,但整体均比较连续光滑;同时,随着径流量级逐步减小,无论发电量还是最小出力均呈现出减小趋势,如丰水年和枯水年的最大发电量分别为321.1亿kW·h、143.2亿kW·h,减少了177.9亿kW·h,表明径流对梯级运行具有明显的影响,需要在运行过程中对其进行充分考虑,防止制定不合理的调度结果。

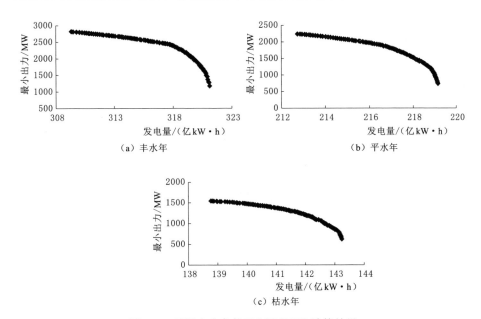

图8.4 不同来水条件下MOQPSO计算结果

(2) 不同来水情境下的梯级总电量与最小出力均呈现明显的反比现象,进一步凸显出二者之间的矛盾性与制约性,这也要求工作人员在实际调度中充分尊重梯级运行工况,以便实现水电系统经济性与可靠性的共赢。

(3) MOQPSO所得非劣解集均能覆盖较为广阔的空间,丰水、平水、枯水三种来水条件下,非劣解集中发电量与最小出力的变幅分别达到了约11.8亿kW·h、6.4亿kW·h、4.5亿kW·h和1650MW、1500MW、920MW,表明所提方法在不同工况下均可获得分布均匀、分散度好的Pareto前沿,进一步证明了方法的适用性与实用性。

为便于展示,选择平水年所得非劣解集中均衡发电量和最小出力两个目标的方案进行分析讨论，其中具有多年调节能力的水电站洪家渡和构皮滩调度过程如图 8.5 所示。由图分析可知，作为梯级龙头电站，洪家渡主要承担梯级补偿调节作用，汛前逐渐降低水位以腾空库容，汛期逐渐抬高水位，提升发电水头，枯期则逐渐消落水位，补偿下游用水。构皮滩电站汛、枯期水位变幅则相对较小，汛期尽可能维持高水头运行以降低水耗、增发电量，枯期则满足各调度时段最小出力限制即可。

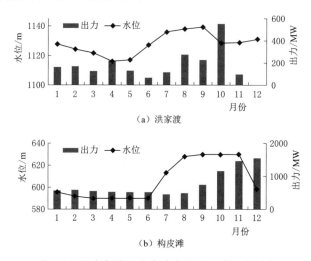

图 8.5　平水年优选方案多年调节水库调度过程

8.4　智能算法并行化方法

标准多目标遗传算法以第二代非支配排序遗传算法（non‐dominated sorting genetic algorithm Ⅱ，NSGA‐Ⅱ）为典型代表，其因多目标求解优势已在科学研究和工程实践中得到广泛应用。但目前尚存在以下两方面的缺点：①在一定代数的进化之后，个体趋同现象逐渐凸显，种群多样性不断丧失，极易获得原问题的伪 Pareto 最优解；②传统方法采用串行计算模式，在种群规模较大时，面临计算耗时长、运算效率低等缺点。因此，针对上述问题，本书所提出的 PMOGA 方法分别采用下述策略加以处理：①采用多种群进化策略确保小规模子种群的相对独立性，并在进化过程中耦入 Pareto 解集精英个体在种群间环向迁移机制，实现子种群之间的信息传递与互馈，保证个体的多样性与解集的导向性；②采用多核并行计算技术实现各子种群的同步进化，规避串行模式下的计算资源浪费现象，实现方法的计算加速。PMOGA 通过上述策略以期获得具有良好分布和散布的近似 Pareto 最优前沿。

8.4.1 标准多目标遗传算法

本书采用 Deb 等提出的 NSGA－Ⅱ作为基础求解方法。NSGA－Ⅱ首先随机生成给定规模的初始种群 S_0，并执行非支配排序操作；然后利用交叉、变异等遗传操作生成子种群 S_1，对父、子两代种群进行合并得到新的进化种群 $S_2 = S_0 \bigcup S_1$，评估计算种群 S_2 中所有个体之间的支配关系及拥挤距离，并从中优选部分个体构成新一代种群 S_3，令 $S_0 = S_3$ 后重复上述步骤，循环迭代，直至满足终止条件；最后输出非劣解集及相应的最优调度信息。

8.4.2 并行多目标遗传算法

8.4.2.1 多种群并行进化策略

MOGA 主要针对单一种群迭代寻优，若存在多个种群，彼此计算过程是相互独立的，故多种群 MOGA 的演化计算具有天然并行性。因此，本书提出 PMOGA 方法实现多种群同步进化，将任意子种群的进化操作视为一项子任务，所有子种群的进化操作视为总任务，利用任务并行计算模式将总任务分解至各处理器开展同步计算；采用线程池技术统一调度管理，以实现资源的合理配置和负载的有机均衡，进而提高资源利用率。如图 8.6 所示，PMOGA 在初始化各子种群后，将其交付给线程池联合调度，各子种群分别自行开展遗传进化操作；同时在满足特定条件下开展种群间的信息交互，直至满足终止条件；最后主线程合并各子种群的外部精英集合结果，并比较获得最终的 Pareto 解集。

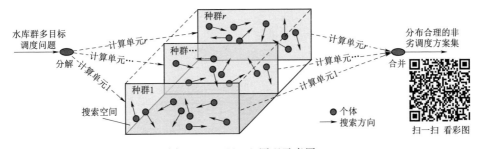

图 8.6 PMOGA 原理示意图

8.4.2.2 环向拓扑迁移机制

本书采用环向拓扑迁移机制实现子种群在进化过程中的有机通信与信息互馈：对任意子种群而言，每进化固定的代数便从其外部精英集中随机选择 n 个精英个体迁入相邻子种群的外部精英集中，进而被迁入子种群，根据其外部精英集中个体支配关系增加非劣解并剔除劣解。通过上述环向拓扑迁移机制，一方面能够较好地实现子种群之间的信息隔离；另一方面也可以有效保证精英个体在种群中的稳定传播与扩散。设定子种群的数目为 G，以第

$g(g=1,2,\cdots,G)$ 个子种群为例，设定其原始的外部精英集合为 $\boldsymbol{J}_g$，从 $\boldsymbol{J}_g$ 中迁出 n 个不同个体并构成集合 $\tilde{\boldsymbol{J}}_g$，同时从第 $g-1$ 个子种群迁入集合 $\tilde{\boldsymbol{J}}_{g-1}$，以形成新的外部精英集合 $\boldsymbol{J}_g^1$，则相应的数学表达公式如下：

$$\boldsymbol{J}_g^1=\tilde{\boldsymbol{J}}_{g-1}\bigcup\{\boldsymbol{J}_g-\tilde{\boldsymbol{J}}_g\}=\{\boldsymbol{J}_{g-1,[r_1\cdot|\boldsymbol{J}_{g-1}|]},\boldsymbol{J}_{g-1,[r_2\cdot|\boldsymbol{J}_{g-1}|]},\cdots,\boldsymbol{J}_{g-1,[r_n\cdot|\boldsymbol{J}_{g-1}|]},$$
$$\boldsymbol{J}_{g,[r_{n+1}\cdot|\boldsymbol{J}_g|]},\boldsymbol{J}_{g,[r_{n+2}\cdot|\boldsymbol{J}_g|]},\cdots,\boldsymbol{J}_{g,[r_{|\boldsymbol{J}_g|}\cdot|\boldsymbol{J}_g|]}\} \tag{8.12}$$

式中：$\boldsymbol{J}_{g,f}$ 为 $\boldsymbol{J}_g$ 中第 f 个非劣解；$|\boldsymbol{J}_g|$ 为集合 $\boldsymbol{J}_g$ 的基数；$[x]$ 为取整函数；r_i 为 $[0,1]$ 区间内均匀分布的随机数，$i=1,2,\cdots,|\boldsymbol{J}_g|$。

8.4.2.3　并行计算框架

本书基于 Lea 在 2000 年提出的 Fork/Join 框架开展并行计算，其原理如图 8.7 所示。该框架采用分治思想将大规模复杂问题划分为多个小规模问题，依次通过问题分解、并行计算、结果合并等 3 个步骤完成计算。Fork/Join 根据设定阈值来控制子任务的计算规模，采用线程池对工作线程进行统一管理，以规避多次创建和关闭线程造成的资源消耗，进而提高运算效率；此外，Fork/Join 还利用工作窃取机制降低工作队列的争用和窃取，实现负载的有机均衡，提高多核 CPU 资源利用率。目前，Fork/Join 框架已作为多核并行标准集成至 Java 语言，用户只需要集聚于计算任务的划分和中间结果的组合，通过简单的函数接口即可实现并行计算，成功将用户从枯燥繁琐的程序调试中解放出来，极大地推动了工作效率的提升。Fork/Join 框架以其良好适用性、简便性和高效性在火电开机、水电调度等诸多领域得到广泛应用[95]。

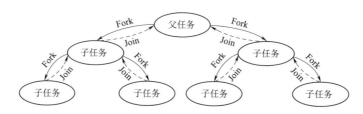

图 8.7　Fork/Join 框架并行计算原理图

8.4.3　基于 PMOGA 的梯级水库群多目标优化调度

考虑到大型梯级水电系统一般存在电站数目较多、水力与电力关联紧密等特点，本书耦合个体实数串联编码方法、混沌初始化种群策略和约束 Pareto 占优机制等以进一步提升 PMOGA 寻优性能，切实服务于水电调度工程实践。

8.4.3.1　个体实数串联编码方法

各水电站在不同调度时段的水位与出库流量分别取为状态变量和决策变量，采用十进制浮点型数据逐级串联编码各状态变量，以减少编码长度和内存占用。任意个体 X 均为带有特定特征的染色体，包含了潜在的梯级水库群联合调度运行方式，公式如下：

$$X=(X_k)_{NT\times1}=[Z_{1,1},Z_{1,2},\cdots,Z_{1,T},Z_{2,1},Z_{2,2},\cdots,Z_{2,T},\cdots,Z_{N,1},Z_{N,2},\cdots,Z_{N,T}]^T$$

$$(8.13)$$

式中：X_k 为电站 $\lceil k/T\rceil$ 在时段 $(k-T[k/T])$ 的水位；$[x]$ 为不小于 x 的最小整数。

8.4.3.2　混沌初始化种群策略

初始种群的生成机制对个体在解空间中分布的多样性与算法的收敛性具有十分重要的影响。混沌现象普遍存在于自然界，具有精致的内在结构，能够在一定范围内有效遍历所有潜在可能状态[96]。因此，本书对各子种群均采用 Logistic 映射开展混沌搜索，以提升初始种群的质量，详细公式如下：

$$\begin{cases} x_{m,k}=4x_{m,k-1}(1-x_{m,k-1}) \\ X_{m,k}=\underline{X}_k+x_{m,k}(\overline{X}_k-\underline{X}_k) \end{cases}$$

$$(8.14)$$

式中：$x_{m,k}$ 为第 k 维变量在第 m 次迭代时的取值，$x_{m,k}\in[0,1]$；$X_{m,k}$ 为 $x_{m,k}$ 在原始变量搜索空间中的映射值；$\overline{X}_k$、$\underline{X}_k$ 分别为第 k 维变量 X_k 的上、下限。

8.4.3.3　约束 Pareto 占优机制

梯级水库群调度涉及一系列复杂的运行约束，在单目标优化调度中通常采用惩罚函数法将约束破坏项纳入目标函数，构成个体适应度函数值用以评估个体的优劣。然而，在多目标优化问题中，由于需要采用 Pareto 占优机制辨识支配个体，传统的惩罚函数方法难以有效区分非可行解与可行解，易出现非可行解主导种群进化现象，导致算法收敛至非可行的 Pareto 前沿。为此，本书将约束破坏项纳入个体目标属性，采用约束 Pareto 占优机制处理任意两个体之间支配关系，以确保可行解支配非可行解，切实引导群体有序进化并收敛至可行的 Pareto 最优前沿。个体 X_i 的目标向量计算方法如下：

$$F_1(X_i)=F(X_i)\bigcup\Delta(X_i)=[f_1(X_i),f_2(X_i)]^T\bigcup\Delta(X_i) \qquad (8.15)$$

式中：X_i 为第 i 个体；$F_1(X_i)$ 为个体 X_i 的扩展目标向量；$F(X_i)$ 为个体 X_i 的原始目标向量；$\Delta(X_i)$ 为个体 X_i 的约束破坏项之和，为非负值；若 $\Delta(X_i)=0$，则 X_i 为可行解；否则，X_i 为非可行解。

假设任意选择两个体 X_i 与 X_j 参与比较，具体的操作步骤为：

（1）若 X_i 与 X_j 均为可行解，则依个体目标函数值确定支配关系。

（2）若 X_i 为可行解，X_j 为非可行解，则可行解 X_i 支配非可行解 X_j。

（3）若 X_i 与 X_j 均为非可行解，且二者约束破坏程度相同，则依个体目标函数值确定支配关系；否则，约束破坏程度小的个体占优。

8.4.3.4 总体计算流程

PMOGA 采用粗粒度并行模式，即各 CPU 负责各子种群相应个体的进化工作，并在计算过程中依据预设规则完成不同种群之间的信息交互与沟通交流。PMOGA 取水电站水位为状态变量，在初始化多个特定规模的种群后开展同步寻优，寻找满足各种约束条件的非劣个体集合。PMOGA 总体求解框架如图 8.8 所示，详细步骤如下：

(1) 设置算法计算参数：包含变异概率 P_m、交叉概率 P_c、种群个体总数 F、计算内核数 G、最大迭代次数 $k_{\max}$、迁移代数 k_m 及个体数目 n 等。

(2) 采用 8.4.3.1 节所述方法对个体进行编码，并计算获取子种群个体规模为 F/G。

(3) 主线程开辟静态数据空间来存储各水电站的水位-库容、水位-下泄流量等基础特性数据，区间径流等系统输入信息，以及水位限制、出力限制等约束条件；然后生成具有 G 个线程的线程池，每个线程中开辟内存空间用以存储 F/G 个个体及其中间计算结果。

(4) 令各子种群迭代计算次数 $k_g = 1$，采用 8.4.3.2 节方法初始化各子种群中的所有个体，并设置外部精英集合 $\boldsymbol{J}_g = \varnothing$，然后将各子种群进化作为线程加入线程池中。

(5) 对未完成进化操作的子种群而言，令 $k_g = k_g + 1$，然后分别实施交叉、变异等遗传操作，并采用 8.4.3.3 节方法更新外部精英集合 $\boldsymbol{J}_g$ 以存储算法搜索得到的非劣解。

(6) 判定各子种群是否需要开展迁移操作，若不满足迁移条件，则转入步骤 (7)；否则采用 8.4.2.3 节方法将本种群外部精英集合中 n 个不同个体迁移至下一子种群的外部精英集合，并迁入上一子种群的部分个体。

(7) 更新各子种群的外部精英集合，然后合并各子种群进化前后的相邻两代种群，从中选取优秀个体以组成新的进化种群。

(8) 判断所有子种群是否满足终止条件，若不满足，则转至步骤 (5)，完成相应的子种群进化操作；否则关闭线程池，主线程合并所有子种群的外部精英集合，输出最终非劣解集及其所对应的详细调度结果。

8.4.4 应用实例

8.4.4.1 工程背景

本书以水能资源丰富的澜沧江流域梯级水库群作为工程实践对象，开展相应的多目标调度模型及方法研究。澜沧江流域是我国 13 大水电基地之一，其开发任务是以发电为主，并兼顾生态、航运等综合效益，对西部经济发展具有极为重要的促进作用。本书选择澜沧江中下游已投运的 5 座电站作为计算对象，分别为小湾、漫湾、大朝山、糯扎渡和景洪，均具有季调节及以上

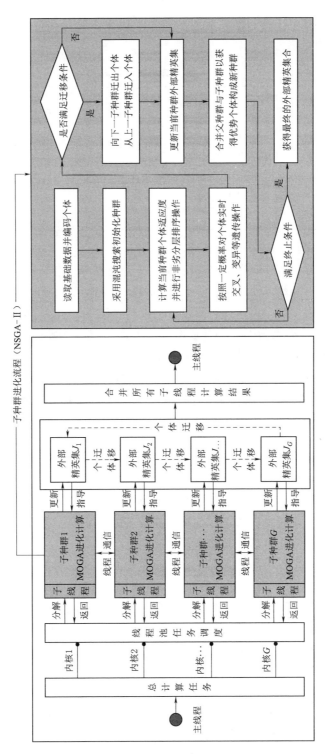

图 8.8　PMOGA 总体求解框架

调节性能，其中小湾和糯扎渡库容较大，具备多年调节能力。表 8.4 给出了各水库的计算信息。

表 8.4　　　　　　　　　　　梯级水库群特征参数

项目	死水位 /m	正常高水位 /m	装机 /MW	出力系数	调节库容 /亿 m³	调节性能
小湾	1166.00	1240.00	4200	9.0	99.0	多年调节
漫湾	982.00	994.00	1550	8.5	2.6	季调节
大朝山	882.00	899.00	1350	8.5	3.7	年调节
糯扎渡	765.00	812.00	5850	9.0	113.3	多年调节
景洪	591.00	602.00	1750	8.5	3.1	季调节

8.4.4.2　不同工况下计算结果分析

为验证在工程中的实际应用效果，分别选择平水年（50％频率来水）与丰水年（10％频率来水）情况下各水电站的区间径流作为系统输入条件，并采用 PMOGA 与 MOGA 两种方法进行求解，测试环境为 DELL 6850 机架式服务器，CPU 类型为 Intel（R）Xeon（TM）3.00GHz（8cores）。同时，经过多次数值测试，设定两方法参数如下：种群规模为 2000；进化代数为 500；采用算术交叉策略，交叉概率为 0.5；采用高斯变异策略，变异概率为 0.02。另外，对 PMOGA 而言，参与并行计算的 CPU 核数设置为 8，并设定每隔 10 代便将 5 个不同的个体迁移至下一子种群。

表 8.5 列出了 50％来水条件下各方法所得部分非劣调度结果。可以看出：

（1）梯级总发电量 E 随着系统最小出力 F 取值的增大而逐步减小，二者呈现出明显的反比现象，凸显复杂的矛盾与竞争关系。若要提高梯级总体发电效益，则水电系统的可靠性必然随之降低；反之，若要提高 F 取值，则势必牺牲梯级经济效益。因此，如何有机协调总发电量与系统最小出力是实现水电系统经济性与可靠性共赢的关键。

（2）PMOGA 方法能够得到非劣前沿分布均匀、范围较广的调度方案集合。例如，在 50％频率来水条件下，系统最小出力可由 4400MW 提升至约 6600MW，增幅约为 45％，充分表明所提方法可以提供丰富的调度决策信息，这也能够有效验证混沌初始化、多种群进化等改进策略的有效性；而 MOGA 采用串行计算模式，种群进化的交互与引导机制欠缺，导致所得非劣前沿相对散乱、且明显为 PMOGA 所得方案的支配解，难以满足水电调度的工程实际需求。

（3）PMOGA 在 10％和 50％频率来水情况下的计算耗时分别为 69s 和 64s，表明该方法具有良好的计算效率，能够保证在较短时间内完成梯级水库群多目标优化调度问题的求解，为水电工程实践提供有力的技术支持。

表 8.5　　50%频率来水条件下澜沧江梯级多目标优化调度结果列表

调度方案	目标函数		调度方案	目标函数	
	发电量 /(亿 kW·h)	最小出力 /MW		发电量 /(亿 kW·h)	最小出力 /MW
1	743.929	4422.320	16	740.404	5952.803
2	743.928	4545.871	17	739.951	6002.929
3	743.750	4733.295	18	739.698	6200.481
4	743.466	4953.869	19	739.154	6237.401
5	743.233	5099.131	20	738.828	6284.987
6	742.913	5198.379	21	738.454	6344.308
7	742.508	5203.618	22	738.186	6404.689
8	742.132	5233.391	23	737.862	6464.871
9	741.698	5254.829	24	737.461	6480.269
10	741.435	5296.543	25	737.070	6481.810
11	741.266	5510.046	26	736.656	6511.454
12	741.234	5559.960	27	736.299	6515.578
13	741.224	5800.631	28	736.123	6521.436
14	740.848	5921.765	29	735.782	6526.720
15	740.694	5938.189	30	735.434	6538.651

选择方案 1、方案 15、方案 30 等 3 个典型方案进行对比分析，其中方案 1 以发电效益为主，方案 30 以提高系统最小出力为主，方案 15 为多目标协调方案，兼顾系统的发电效益与最小出力。图 8.9 列出了各方案在调度期内的梯级总出力与蓄能变化过程。可以看出：

（1）在 1—8 月，流域来水相对较少，梯级以发电、供水为主，各方案对经济效益的侧重有所差别，导致调度过程存在较大差异；而在来水较丰富的 9—10 月，系统以蓄水为主，不同调度情景下梯级水库群均逐步抬升至最大蓄能，故系统出力与蓄能过程呈现出良好的同步性。

（2）方案 15 的蓄能与出力结果介于方案 1 与方案 30 之间，该方案较方案 1 少发 0.43% 的电量，而系统最小出力提升了 34.3%；较方案 30 牺牲了 9.2% 的最小出力，但增发了 5.3 亿 kW·h（约合 0.72%）的总电量。由此可知，多目标协调方案可有效平衡系统的经济性与可靠性，实现了二者的有机协调，能够在提高水库群发电量的同时有效保证水电枯期供电能力。

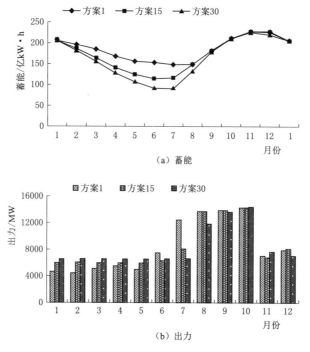

图 8.9　不同调度方案系统蓄能与出力过程对比

（3）在实际应用中，可根据需求选择相应的调度方案，若注重发电效益，可选择方案 1～方案 10；若更关注系统可靠性，可选择方案 21～方案 30；若要均衡考虑经济性与可靠性，可在方案 11～方案 20 加以选择。

综上，本书所提方法可为工程决策提供合理可行、实用有效的调度决策方案集，切实服务于梯级水电调度实践。

8.4.4.3　并行性能分析

为检验在不同内核规模下的计算性能，本书分别在 2 核、4 核与 8 核环境下，采用 MOGA 和 PMOGA 求解澜沧江流域梯级多目标优化调度问题，并引入加速比和效率两个指标进行分析。表 8.6 列出不同种群规模下的对比结果，其中两种算法进化代数均设定为 500，各组数据均为连续运行 15 次所得平均值，以消除随机性对计算结果的干扰。可以看出：

（1）PMOGA 的计算加速效果十分显著。种群规模逐步由 1000 增加至 4000 时，系统运算量随之增大，串行计算耗时由 3.6min 锐增至 16.3min，增加了 3.5 倍；而 8 核环境下 PMOGA 大约分别需要 31s 和 135s，计算时间分别降低了 85.6％和 86.2％，加速比和效率分别提升了 5.2％和 5.8％。在相同种群规模下，随着参与并行计算的内核数目增加，总计算任务的并行程度越高，PMOGA 的加速比也随之增大，如 4000 个体情景下，8 核环境较 2 核环境加速比大约提升了 2.9 倍。

（2）PMOGA 算法展现了效率随着计算核数增加而逐步降低但幅度较小的现象，如种群规模为 4000 时，效率从 2 核至 4 核下降了 1.1％，4 核至 8 核基本不再变化。主要原因在于：核数的增加会在一定程度上加大系统内存与线程调度管理等资源消耗，增大了内核切换开销，造成计算效率的降低；同时，PMOGA 采用了粗粒度并行模式，仅在满足要求时进行内核通信、完成不同种群之间的个体迁移工作，其他阶段基本不需要进行交互，使得通信开销总耗时远小于个体适应度评估等复杂计算操作时间，随着种群规模增大总体耗时明显增加，其占比显著减少，进而使得算法效率整体变幅较小。另外，需要指出的是，本书限于服务器配置，未能更为细致地评估 PMOGA 在不同核数的性能表现，导致现有计算结果显示算法性能随着核数增加而增强。但一般情况下，由于操作系统、编译环境、编程语言、CPU 配置、内核数等软硬件条件差别较大，并行算法在不同计算机上的性能表现不尽相同，并非核数越多越好，通常需要根据具体任务、机器配置、算法设计等实际情况开展数值试验，以获得最佳 CPU 内核数。

综上，PMOGA 可充分利用多核资源，在提高资源利用率的同时大幅降低求解时间。

表 8.6 不同种群规模和内核数目下 MOGA 与 PMOGA 计算效果对比

情景	种群规模	MOGA 耗时/s	PMOGA 耗时/s			加速比			效率		
			2 核	4 核	8 核	2 核	4 核	8 核	2 核	4 核	8 核
1	1000	214	120.2	61.0	31.1	1.78	3.51	6.89	0.89	0.88	0.86
2	2000	467	256.6	129.4	65.4	1.82	3.61	7.14	0.91	0.90	0.89
3	4000	978	531.5	270.2	134.9	1.84	3.62	7.25	0.92	0.91	0.91

8.5 本章小结

本章构建了耦合发电量最大和最小出力最大的梯级水库群多目标优化调度模型，以期在保证发电效益最大化的同时提升水电系统可靠性，切实满足日益复杂的水电系统综合利用需求，并提出了多目标量子粒子群算法（MOQPSO）和并行多目标遗传算法（PMOGA）。主要结论如下：

（1）MOQPSO 利用量子粒子群算法优越的进化机制来保障种群具有良好的搜索性能与收敛速度；同时引入外部档案集合存储精英个体，并利用非劣分层排序与拥挤距离实现档案集合的动态更新维护，以保持个体分布的均匀性；采用混沌变异算子对非支配解加以局部扰动，以增强个体的邻域勘探能力。乌江流域梯级水库群模拟仿真结果表明，MOQPSO 既能适用于梯级水库群单目标优化调度问题，又可在多目标优化调度中快速获得分布均匀、分散度广的多决策方案集合，为实现水电系统的优化调度提供一种新的可行途径。

（2）PMOGA 分别采用多种群异步进化策略和精英个体迁移机制保障算法的多样性与收敛性；利用并行技术实现对计算机 CPU 内核资源的高效利用；设计了适用于实际工程问题的个体实数串联编码方法、混沌初始化种群策略和约束 Pareto 占优机制等，以提升方法的计算效率与寻优质量。澜沧江流域工程实例表明，PMOGA 较传统方法更为高效快速，并能获得分布均匀、合理可行的决策方案集合，有效提高资源利用效率，为梯级水库群的多目标调度提供了新型思路。

第9章

梯级水库群短期调峰-通航多目标调度混合优化方法

9.1 引言

我国大江大河普遍面临发电、防洪、通航、生态等综合利用要求，这些目标通常相互冲突，特别是对于有通航和调峰要求的梯级水库群，二者矛盾更为尖锐。一方面，我国电网普遍存在巨大的调峰压力，随着风电、光伏电等间歇性新能源大规模并网，这种压力有增无减，需要优质水电承担更多的调峰责任；另一方面，当水电参与系统调峰时，若无有效的调控措施，必然会造成下游河道水位频繁起伏，严重破坏航运条件，直接威胁航运安全，修建反调节水库就是必然的选择。但反调节水库如何与上游梯级水库群联合运行，兼顾水电调峰和河道通航需求，已成为我国电网和梯级水库群调度中亟待解决的理论和实践课题，需要构建切实可行的方法。

已有部分学者就不同工程实例的调度需求、针对反调节水库与上游水库联合运行方式开展一定研究并取得了相应的研究成果。其中，比较典型的工程实例包括三峡-葛洲坝、小浪底-西霞院、枫树坝-稔坑等梯级库群。然而，上述实例的调度需求和梯级特点不同于面临调峰和通航矛盾的梯级水库群，使得其研究成果的针对性较强，难以拓展和推广至其他流域。例如，三峡-葛洲坝两库联调中，三峡水电站是以防洪为主，其出力过程在多年运行中已形成若干类负荷典型，发电计划安排比较简单；葛洲坝虽然承担华中电网一定的调峰任务，但其调节库容大小与三峡电站的出力波动能够匹配，因此，三峡-葛洲坝两库联合运行中通航与调峰矛盾并不突出；小浪底-西霞院梯级水库运行则遵循电调完全服从水调的原则，小浪底主要承担调峰任务，西霞院主要完成水调计划任务，且梯级无通航要求；枫树坝-稔坑两库运行则更为简单，由于两库装机容量均较小，调节性能均较差，实际运行中通常忽略区间入库，可以直接根据历史经验和下游水库调节库容指定上游水库的调峰运行流量。

为此，本书针对梯级水库群调峰-通航多目标调度问题特点，以澜沧江下游景洪-橄榄坝梯级水库群反调节调度问题为背景，以通航和调峰为控制目标，提出一种耦合调峰和通航需求的梯级水库群多目标优化调度混合搜索方法[28]。该方法以电网余荷最大值最小和反调节水库下游河道水位过程方差最小为寻优目标，在 NSGA-Ⅱ搜索过程中，针对水库爬坡上限、出力波动控制限制、开停机最小持续时间、期末水位控制等复杂约束，提出时间耦合约束处理策略、末水位修正策略及改进的遗传操作算子，以提高方法的搜索求解效率，获得满足工程应用要求的计算结果。实例应用表明，所提模型及方法可以充分发挥通航反调节水库作用，兼顾电网调峰和河道通航应用需求，获得较实际调度更加合理的梯级运行计划。

9.2 梯级水库群短期调峰-通航多目标调度模型

9.2.1 目标函数

调峰和航运是本书关心的两个目标，前者期望水库尽量在系统负荷高峰时段多发电，以快速响应电网负荷调节需求；后者需要下游河段通航水流条件满足航道等级最低要求，常用的表征参数是河道水位变幅，变幅越小越有利于通航。该问题属于多目标优化范畴，其一般数学形式可表示为

$$\min F(x) = [f_1(x), f_2(x)]^T \tag{9.1}$$

$f_1(x)$ 为调峰目标，可以描述为：给定调度期各水库始末水位、运行控制约束及来水过程，求解各水库的日 96 点出力过程，使经水电调节后的系统余荷最大值最小，目的是尽可能使余荷保持平稳，以减少调节性能较差的火电等电源频繁开停机，保证电网节能经济运行，见下式：

$$\min\left\{ f_1 = \max_{1 \leq t \leq T} \left(N_t - \sum_{i=1}^{I} N_i^t \right) \right\} \tag{9.2}$$

由于上述极大值极小形式的目标函数不利于求解，故采用极大熵方法将其转化为易于求解的等效目标函数：

$$\begin{cases} \min f_1' = \dfrac{1}{P} \ln\left\{ \sum_{t=1}^{T} e^{P[\varphi(t) - \max\limits_{1 \leq t \leq T} \varphi(t)]} \right\} + \max_{1 \leq t \leq T} \varphi(t) \\ \varphi(t) = N_t - \sum_{i=1}^{I} N_i^t \end{cases} \tag{9.3}$$

$f_2(x)$ 为航运目标，是指在相同控制条件下，确定梯级水库群日水位变化过程，使调度期内反调节水库下游河道水位过程方差最小，目的是减小水位变幅，尽可能改善河道通航条件：

$$\min f_2 = \frac{1}{T} \sum_{t=1}^{T} (Z_t - \overline{Z})^2 \tag{9.4}$$

式中：N_t 为 t 时段系统负荷；N_i^t 为 i 水库 t 时段出力；I 为水库数目；i 为水库序号，$i = 1, 2, \cdots, I$；T 为调度期时段数目；t 为时段序号，$t = 1, 2, \cdots,$

T；Z_t 为 t 时段反调节水库尾水位，m；P 为控制参数，过小难以反映原目标函数，过大则影响计算效率，需要根据具体问题通过试验确定合理的参数范围；$\overline{Z}$ 为反调节水库调度期内尾水位的平均值。

9.2.2 约束条件

上述目标函数求解需满足以下约束条件：

（1）水量平衡约束：为单一水库时间维和梯级库群空间维上的水量平衡关系。

$$V_i^{t+1} = V_i^t + 3600(Q_i^t - q_i^t - R_i^t)\Delta t \tag{9.5}$$

式中：V_i^t 为 i 水库 t 时段的库容，m³；Q_i^t 为 i 水库 t 时段的入库流量，m³/s；q_i^t 为 i 水库 t 时段的发电流量，m³/s；R_i^t 为 i 水库 t 时段的弃水流量，m³/s；Δt 为 t 时段小时数。

（2）库水位限制：保证水库运行在安全合理的水位范围内。

$$\underline{Z_i^t} \leqslant Z_i^t \leqslant \overline{Z_i^t} \tag{9.6}$$

式中：Z_i^t 为 i 水库 t 时段水位，m；$\overline{Z_i^t}$、$\underline{Z_i^t}$ 分别为 i 水库 t 时段水位上、下限，m。

（3）水库出力限制：根据机组检修、发电能力、最小技术出力等指标确定水库的出力上限与下限。

$$\underline{N_i^t} \leqslant N_i^t \leqslant \overline{N_i^t} \tag{9.7}$$

式中：$\overline{N_i^t}$、$\underline{N_i^t}$ 分别为 i 水库 t 时段平均出力上、下限。

（4）发电流量约束：取决于水轮机组过流能力及检修计划等条件。

$$\underline{q_i^t} \leqslant q_i^t \leqslant \overline{q_i^t} \tag{9.8}$$

式中：$\overline{q_i^t}$、$\underline{q_i^t}$ 分别为 i 水库 t 时段发电流量上、下限，m³/s。

（5）出库流量约束：包括通航、生态等基本下泄流量限制。

$$\underline{S_i^t} \leqslant S_i^t \leqslant \overline{S_i^t} \tag{9.9}$$

式中：S_i^t 为 i 水库 t 时段出库流量，m³/s；$\overline{S_i^t}$、$\underline{S_i^t}$ 分别为其上、下限，m³/s。其中通航流量取决于河道航深限制等约束，对反调节水库而言，本书将通航河段航深限制转化为同一高程标准下近坝处尾水位的最低水位限制，并利用电站尾水位-泄流曲线进一步转化为最小出库流量约束，即

$$\underline{S_i^t} = y(\underline{Z_t}) $$

$$\text{其中} \qquad \underline{Z_t} = H + \underline{h} \tag{9.10}$$

式中：$y(\cdot)$ 为水库尾水位-泄流曲线；$\underline{Z_t}$ 为 t 时段反调节水库尾水位下限；H 为近坝段河道断面底标高，m；$\underline{h}$ 为下游河道通航最小航深，m。

（6）始末水位控制目标：为水库调度运行期的起调水位和期望目标。

$$\begin{cases} Z_i^1 = Z_i^{\text{beg}} \\ Z_i^{T+1} = Z_i^{\text{end}} \end{cases} \tag{9.11}$$

式中：Z_i^{beg}、Z_i^{end} 分别为 i 水库初始水位控制值、期望末水位。

（7）水库出力爬坡约束：限制水库在相邻时段间的出力变幅，一般由机组的调节速率和电网安全需求确定。

$$|N_i^t - N_i^{t-1}| \leqslant \overline{\Delta p_i} \tag{9.12}$$

式中：$\overline{\Delta p_i}$ 为 i 水库单时段最大出力升降区间限制，kW。

（8）最小开机容量约束：保证水库开机满足最小运行出力，且同样适用于水库停机情况。

$$N_i^t(N_i^t - N_{i,min}) \geqslant 0 \tag{9.13}$$

式中：$N_{i,min}$ 为 i 水库最小开机出力，kW。

（9）水库出力波动限制：限制相邻时段间水库出力频繁波动，保证电网和机组运行安全。

$$(N_i^{t-\Delta+1} - N_i^{t-\Delta})(N_i^t - N_i^{t-1}) \geqslant 0 \tag{9.14}$$

式中：$\Delta = 1, 2, \cdots, t_{min}$，其中 t_{min} 为 i 水库出力升降最小间隔时段数。

（10）水库限制运行区约束：反映水库在某些水头或出力下的气蚀和振动区域，应尽量避免运行在这些范围内，保证电网安全生产。

$$(N_i^t - \underline{N_i^s})(N_i^t - \overline{N_i^s}) \geqslant 0 \tag{9.15}$$

式中：$\overline{N_i^s}$、$\underline{N_i^s}$ 分别为 i 水库机组限制运行区出力上、下限，kW。

（11）开停机最小持续时间约束：限制水库频繁进行开停机以延长机组使用寿命。

$$\begin{cases} N_i^t > 0, & N_i^{t-t_i^{on}} = 0 \text{ 且 } N_i^{t-1} > 0 \\ N_i^t = 0, & N_i^{t-t_i^{off}} > 0 \text{ 且 } N_i^{t-1} = 0 \\ N_i^t \geqslant 0, & \text{其他} \end{cases} \tag{9.16}$$

式中：t_i^{on}、t_i^{off} 分别为 i 水库开机与停机的最小持续时段数，$t_i^{on} > 1$，$t_i^{off} > 1$。

（12）系统出力约束：为满足输电断面安全限制和火电等其他电源运行要求，需要将水电系统总出力限制在合理范围内。

$$\underline{N_t^{all}} \leqslant \sum_{i=1}^{I} N_i^t \leqslant \overline{N_t^{all}} \tag{9.17}$$

式中：$\overline{N_t^{all}}$、$\underline{N_t^{all}}$ 分别为 t 时段水电系统总出力的上、下限，kW。

9.3　梯级水库群多目标调度混合优化方法

不同一般的多目标优化调度方法，所提方法涉及非常复杂的约束条件，如何处理这些约束，直接关系到算法的求解效率和计算结果的可行性、可用性。因此，针对调峰和通航多目标梯级水库群优化调度问题，本书提出一种基于 NSGA-Ⅱ的多目标混合搜索方法，引入多种约束处理策略以避免对原问题的简化处理，并通过改进的遗传操作引导种群进化方向，实现多目标高效搜索，以快速获得满意的 Pareto 解集。下文将分别介绍 NSGA‑Ⅱ算法基本原理、时间耦合约束调整策略、末水位修正策略、遗传操作改进策略和总体求解框架。

9.3.1　NSGA‑Ⅱ算法基本原理

　　NSGA‑Ⅱ是一种基于精英策略的多目标进化算法，如图 9.1 所示。其基本思想是：①随机生成一定规模的初始种群，经过非支配排序后通过遗传操作得到第一代子种群；②从第二代开始，将父代种群与子代种群合并，进行快速非支配排序后对各层个体进行拥挤距离计算，根据非支配关系及个体拥挤距离选取合适的个体组成新的父代种群；③通过遗传操作产生新一代种群，迭代循环直至满足终止条件[97-100]。

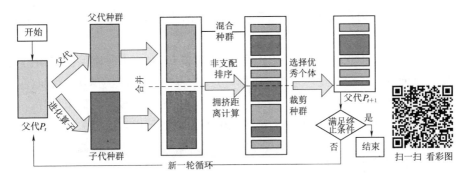

图 9.1　NSGA‑Ⅱ算法原理示意图

　　NSGA‑Ⅱ算法因多目标求解优势已在科学研究和工程实践中得到广泛应用，但在直接应用于本书问题时，还需要处理大量的时间耦合约束和水库控制要求，这给优化求解带来很大困难，其难点主要表现在以下几方面：

　　（1）水库群短期优化调度需要考虑出力爬坡限制、出力波动控制需求、开停机最小持续时间等复杂时间耦合约束，这些约束的综合作用导致单一时段可行决策空间大幅缩小，极大地限制了算法搜索效率和优化结果质量，通常难以在有限时间内获得可行解。

　　（2）通航反调节水库多为日调节及以下小型水库，对调度期末水位的控制要求很高，易受上游水库下泄流量的大幅波动和自身的安全运行要求影响，常用的惩罚函数法很难精确控制到给定的目标水位，而且会降低算法搜索效率。

　　（3）在 NSGA‑Ⅱ算法进化过程中，需要频繁进行选择、交叉、变异等遗传操作，这些操作极易破坏父代可行解的时间耦合约束，进而产生大量不可行解，所以如何在搜索过程中保证解的可行性，同时改善搜索效率，也是问题求解的难点之一。

针对上述问题，本书提出多种高效处理策略并耦入算法搜索过程中，主要有时间耦合约束调整策略、末水位修正策略及遗传操作改进策略。

9.3.2　时间耦合约束调整策略

时间耦合约束使得水电站多个时段决策变量相互制约、相互影响，任一时段决策变量的改变都可能导致相邻时段约束条件破坏，所以需要结合约束特点设计特定的搜索处理策略。本书分别针对水电站出力爬坡限制、出力波动控制和开停机最小持续时间 3 类约束，以调整的时段数目尽可能少、发电量变幅尽可能小为原则，提出相应的约束调整策略。

（1）出力爬坡限制调整策略。当出力爬坡限制约束破坏时，需要调整关联时段出力，基本原则是保持所有调整时段的总电量不变。具体操作为：

1）由 $t=1$ 时段发起初始搜索，向调度期末逐时段判断爬坡约束是否破坏。

2）若 $|N_i^{t+1}-N_i^t|>\overline{\Delta p_i}$，则由第 $t+1$ 时段起向 $t=1$ 时段反向搜索至出力爬坡反向变化，记变化时段为 j，则 $[j+1, t+1]$ 为连续爬坡时段区间，其长度定义为 L，特别地，当 $L=1$ 时表示仅有两相邻时段爬坡约束破坏。

3）以相邻时段出力差值等于爬坡上限作为调整目标，确定关联时段出力增量 $\Delta N=\max\{(|N_i^{t+1}-N_i^t|-\overline{\Delta p_i})/(L+1),0\}$，并按照下式调整各时段出力至连续爬坡时段全部结束。

$$N_i^{t+1-n}=\begin{cases}N_i^{t+1-n}+\Delta N,(N_i^{t+1}-N_i^t)>0\\N_i^{t+1-n}-\Delta N,(N_i^{t+1}-N_i^t)\leqslant0\end{cases}, \quad n=0,1,\cdots,L \qquad (9.18)$$

4）由第 $t+1$ 时段起继续向后搜索至调度期结束，若有爬坡约束破坏，则重复执行上述操作直至所有时段均满足爬坡约束。

（2）出力波动控制调整策略。通过大量分析发现，出力波动控制约束破坏可归纳为两种形态，分别为"凸字形"和"凹字形"，表现为在规定的持续时间内相邻时段出力变化趋势不一致，如图 9.1（a）和（b）所示。为保证出力升降变化满足最小持续时间要求，本书采用等比例方式修正相关时段出力。不失一般性，以图 9.1 为例，对于相邻 3 个时段 t、$t+1$、$t+2$，采用以下公式分别计算对应时段出力 N_i^t、N_i^{t+1}、N_i^{t+2} 的增量 ΔN_i^t、ΔN_i^{t+1}、ΔN_i^{t+2}，使修正后的 3 个时段出力满足 $N_i^{t+1}=(N_i^t+N_i^{t+2})/2$ 即可。

$$\Delta N_i^t=\frac{|(N_i^t+N_i^{t+2})-2N_i^{t+1}|}{3\left(1+\dfrac{N_i^{t+2}}{N_i^t}\right)} \qquad (9.19)$$

$$\Delta N_i^{t+1}=\Delta N_i^t+\Delta N_i^{t+2} \qquad (9.20)$$

$$\Delta N_i^{t+2} = \Delta N_i^t \frac{N_i^{t+2}}{N_i^t} \tag{9.21}$$

在修正过程中，可能出现出力过程"凸字形"和"凹字形"的交替情形，主要包括两种情况，如图9.2（c）和图9.2（d）所示。其修正过程大致可分为两步：

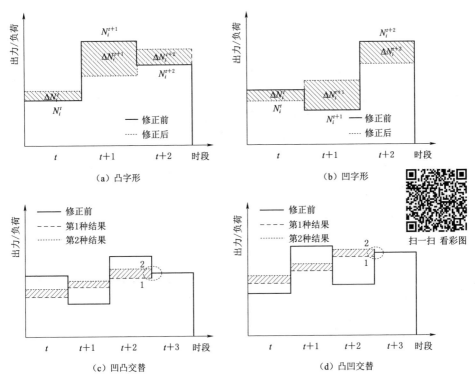

图9.2　出力波动控制调整策略

第1步：采用上文提出的"凹字形"或"凸字形"调整策略修正 t 至 $t+2$ 时段出力，针对 $t+2$ 时段可能出现图9.1（c）和（d）中1和2两种结果，对于第1种结果，调整后出力变化趋势与后续时段保持一致，即 $N_i^t < N_i^{t+1} < N_i^{t+2} < N_i^{t+3}$ 或 $N_i^t > N_i^{t+1} > N_i^{t+2} > N_i^{t+3}$，满足出力波动控制要求；对于第2种结果，跳至第2步进行再处理。

第2步：将时段 $t+3$ 与 $t+1$ 至 $t+2$ 统一考虑，确定出力过程的破坏形态，进而选择合适的修正策略，重复上述修正过程。

（3）开停机最小持续时间调整策略。本书通过适当调整开机时间并均化出力和重新分配部分开停机时间策略调节开停机时刻位置，以避免电站频繁启停。根据修正过程中的边界条件，分为以下几种情形：

1）当连续开机时段 $t(N_i^t>0)<t_i^{on}$ 时。采用式（9.22）向调度期结束方向修正相邻关联时段出力，均化开机时段至 t_i^{on} 个，以满足最小开机持续时间要求，调整过程如图 9.3（a）所示；若修正后电站出力不满足式（9.13），则令其以最小开机容量运行；若开机时段已至调度期末，则向相反方向依次修正 t_i^{on} 个关联时段。

2）当连续停机时段 $t(N_i^t=0)<t_i^{off}$ 时。根据停机时段与停机最小持续时间的关系确定调整方式：

如果 $t(N_i^t=0)<t_i^{off}/2$，则开启停机时段，按照最小开机容量运行，调整过程如图 9.2（b）所示；如果 $t_i^{off}/2\leqslant t(N_i^t=0)<t_i^{off}$，则向调度期结束方向依次将相邻开机时段关停至 $t(N_i^t=0)=t_i^{off}$，调整过程如图 9.2（c）所示；若停机时段已至调度期末，则向相反方向依次停机至满足要求。即

$$N_i^t=\frac{1}{t_i^{on}}\sum_{t=1}^{t(N_i^t>0)}N_i^t \tag{9.22}$$

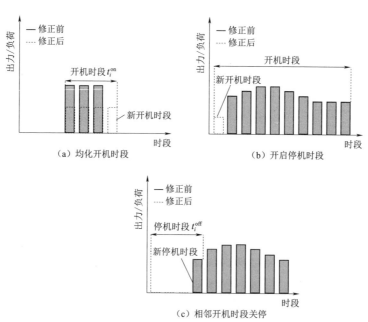

（a）均化开机时段　　　　　　　（b）开启停机时段

（c）相邻开机时段关停

图 9.3　开停机最小持续时间约束调整策略

在搜索过程中依次执行上述 3 类调整策略，单轮次修正后若仍存在约束条件破坏情况，则重复修正。为避免多次重复上述修正过程影响搜索效率，本书限定了修正的迭代次数，当达到最大限制但仍然存在时间耦合约束破坏时，采用惩罚函数法将约束破坏项纳入目标函数加以处理。

9.3.3 末水位修正策略

当计算期末水位与设定末水位的偏差不满足给定精度时，需要对电站末水位进行修正。具体步骤如下：

（1）确定计算期末水位与目标水位偏差 ΔZ_i^T 对应的水量 ΔW。若 ΔW 大于给定精度，则说明电站 i 的发电量偏小，需要增加出力；反之，需要减少电站出力。

（2）平衡水量差 ΔW。当 $\Delta W > 0$ 时，①计算各时段系统剩余负荷 p_t 并从大到小排序，得到集合 $P = \{p_1, p_2, \cdots, p_T\}$，记 p_t 对应时段为 t_0，以 t_0 为发起点，与其相邻两个时段一起均匀增加出力，多次利用式（9.5）和（9.23）计算各时段出力增量 Δp_t，以平衡水量差 ΔW；②若未能完全平衡 ΔW 或与平衡时段相邻的边界点爬坡约束破坏，则在 t_0 点两侧均匀增加出力平衡时段，记参与出力平衡时段集合为 T_b，则 $T_b = \{t_0 - j, \cdots, t_0 - 1, t_0, t_0 + 1, \cdots, t_0 + j\}$，其中 $j \in \{1, 2, \cdots, T/2\}$，返回步骤①；当一侧达到边界时段，则向另一侧单向增加出力平衡时段，返回步骤①；重复前述过程，直至出力过程可行，若所有时段均参与平衡但仍无法满足给定的目标水位时，则此解为不可行解。

$$\sum_{t \in T_b} \Delta p_t = f(Z_i^t, Z_i^{t+1}, q_i^t, R_i^t, \Delta t) \tag{9.23}$$

式中：$f(\cdot)$ 为水头、流量与出力之间的函数关系。

当 $\Delta W < 0$ 时，出力修正方法与 $\Delta W > 0$ 类似，区别之处在于发起点 t_0 为系统剩余负荷最低点 p_T 对应时段，故修正过程不再赘述。

9.3.4 遗传操作改进策略

遗传操作包括选择、交叉和变异，这 3 种操作是影响算法进化方向、种群多样性和均匀性以及搜索效率的重要因素。本书为降低个体时间耦合约束破坏程度，同时保证种群多样性，避免产生大量"同质"解，采用全概率选择算子、算数交叉算子和定向变异执行遗传操作。全概率选择算子是在完成适应度值计算和非支配分层排序后选择级别最高的个体直接进入下一代，即保留最优个体以保证种群进化过程中始终存在可行解；算数交叉算子和定向变异则是通过定向引导个体进化方向以尽可能降低对个体可行性的破坏，提高优秀个体被选择的概率，从而保证进化的有效性。算数交叉算子是在父代个体完成非支配排序后，按照一定概率，由其中两个个体 A、B 进行线性组合而生成新个体，组合系数 α 由 A、B 两个体的排序层级确定。算数交叉算子适度保留个体的排序层级信息，有效减小随机交叉对个体可行性的破坏，同时充分利用其他层级个体的遗传信息以保证种群多样性。

$$\begin{cases} X_A^{i+1} = \alpha X_A^i + (1-\alpha) X_B^i \\ X_B^{i+1} = (1-\alpha) X_A^i + \alpha X_B^i \end{cases} \tag{9.24}$$

其中
$$\alpha = \frac{B_r}{A_r + B_r} \tag{9.25}$$

式中：X_A^i 和 X_B^i 为 A、B 个体；X_A^{i+1} 和 X_B^{i+1} 为生成的新个体；α 为组合系数；A_r 和 B_r 分别为 A、B 两个体的排序层级。

定向变异是基于主动进化理论、定向引导个体变异的一种变异方式，具体做法是引导单一个体的多个关联时段按照同方向、同步长进行变异，其目的是防止变异后个体违反电站时间耦合约束，克服随机变异产生大量不可行解，减少约束处理耗时，提高搜索效率。

$$X_A^{i+1} = X_A^i + \left(1 - \frac{k}{K}\right)\vec{d}\, r_m \tag{9.26}$$

式中：k 为迭代次数；K 为最大迭代次数；$\vec{d}$ 为个体 X_A^i 处的进化方向向量，由 X_A^i 个体与同一代种群中其他任意个体比较，计算其差矢量所得；r_m 为 $[0,1]$ 内均匀分布的随机数。

9.3.5　总体求解框架

耦合上述 NSGA-Ⅱ算法和多种搜索处理策略，可以给出耦合调峰和通航需求的梯级水库群多目标优化调度问题的总体求解框架，如图 9.4 所示。具体求解步骤如下：

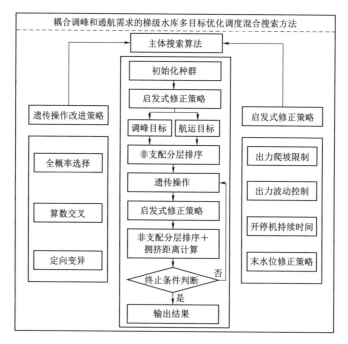

图 9.4　总体求解框架

　　（1）初始化。初设 NSGA-Ⅱ算法和计算参数，包括种群规模、最大迭代次数 K 及遗传概率等，令迭代次数 $k=0$。

　　（2）确定初始种群。在水位运行范围内生成一系列满足水位约束的个体。

　　（3）初始解修正。采用时间耦合约束调整策略和末水位修正策略按一定概率选择修正部分非可行个体，提高可行解个数，同时避免产生大量同质解。

　　（4）按个体适应度进行排序。根据调峰目标和航运目标分别计算个体适应度，判断个体支配关系并进行分层排序。考虑到问题复杂性，采用如下方法确定两个体的支配关系：①若均为可行解，则依个体适应度确定支配关系；②若同时包括可行解和不可行解，则可行解个体占优；③若均为不可行解，则约束破坏程度小的个体占优，若程度相当，则随机确定支配关系。

　　（5）执行遗传操作。依次进行选择、交叉和变异，得到新一代子种群。

　　（6）子代个体修正。对子代存在约束破坏的个体，采用步骤（3）中方法进行修正。

　　（7）合并父代种群和子种群，依次进行非支配分层排序和拥挤距离计算，选取前 N 个个体形成新种群。

　　（8）判断是否满足终止条件。若 $k>K$，则转至步骤（9）；否则，令 $k=k+1$，跳至步骤（5）。

　　（9）输出 Pareto 解集。

9.4　工程应用

9.4.1　工程背景

　　本书以澜沧江干流景洪电站及其下游橄榄坝反调节水库为例对所提模型和方法进行检验，目的是获得满足调峰和航运需求的景洪-橄榄坝梯级水库群日前运行计划，为电网和流域集控中心实际调度提供切实可行的方法。澜沧江流域是我国十三大水电基地之一，其在云南省境内干流整体规划三库 14 级电站，中下游河段按两库 7 级开发，除橄榄坝正在建设外，中下游其余电站已基本开发完成。本书研究的景洪-橄榄坝梯级分别为第 6 级、第 7 级电站，对应的输电线路最大容量为 1750MW，所在输电断面为云南墨江一级断面，其安全运行极限为 6500MW，图 9.5 给出了流域拓扑结构及输电断面示意图，表 9.1 给出了两个水电站的主要特征参数。

　　目前，景洪是澜沧江流域的主要通航调节电站，承担着澜沧江下游河段思茅港、景洪港和关累港的通航调节任务；同时作为云南电力支柱产业的骨干工程之一，景洪电站又担负着云南电网的复杂调峰任务。随着近些年用电负荷需求的快速增长，电网峰谷差不断拉大，调峰压力日益加剧，导致电站的发电调峰与通航用水需求之间的矛盾十分突出。随着未来橄榄坝反调节水库

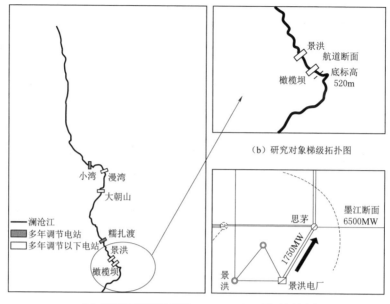

（b）研究对象梯级拓扑图

（a）澜沧江下游梯级拓扑图　　　（c）研究对象输电断面示意图

图 9.5　澜沧江下游梯级水库群拓扑结构及输电断面示意图

表 9.1　　　　　　　　景洪-橄榄坝梯级水库群主要特征参数

水电站名称	特征水位/m		装机/MW	调节性能	通航条件			计 算 条 件			
	死水位	正常库容			$D_{\Delta Z}$/m	$H_{\Delta Z}$/m	航深/m	Z_i^{beg}/Z_i^{end}	$\overline{\Delta p_i}$	$(\underline{N_i^s},\ \overline{N_i^s})$	t_i^{on}/t_i^{off}
景洪	591.00	602.00	1750	季	3	1	>2.5	596.92/596.92	1050	(0, 150)	4/4
橄榄坝	535.20	539.00	155	日	3	1	>2.5	537.21/537.21	62	—	4/4

注　$D_{\Delta Z}$ 为日水位变幅；$H_{\Delta Z}$ 为小时水位最大变幅。

投产运行，这一矛盾将得到极大缓解，但如何安排景洪-橄榄坝梯级水库群的运行方式，以最大限度发挥梯级水库群的调峰和通航作用，现阶段仍缺少切实可行的方法和技术手段，本书研究也正是来源于云南电网和澜沧江集控中心的实际工程需求。

9.4.2　实例分析 1：Pareto 前沿方案对比与分析

本书以日为调度周期，15min 为时段步长，编制梯级水库群运行计划。采用图 9.6 所示系统负荷曲线和多年平均来水开展梯级水库群多目标优化调度，所得 Pareto 前沿分布如图 9.7 所示，部分典型结果见表 9.2。可以得出两点结论：①梯级水库群的调峰幅度和通航条件存在明显的反比关系，随着调峰幅度增加，下游水位变幅增大，根据目标函数式（9.3）、式（9.4）和约束条件式（9.9），意味着河道通航条件变差，反之下游水位变幅减小，河道通航条件得到改善；②所提方法得到的 Pareto 前沿分布均匀，可为工程实际应用提供有效均衡调峰和航运需求的调度方案集。

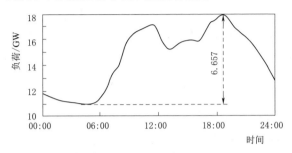

图 9.6　系统典型日负荷曲线

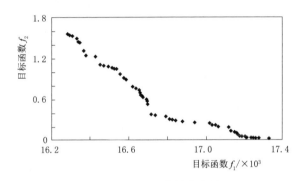

图 9.7　Pareto 前沿分布图

表 9.2　　　景洪-橄榄坝梯级水库群多目标优化调度 Pareto 解集

方案编号	评价指标				
	f_1	f_2	$\Delta N/\text{MW}$	$D_{\Delta z}/\text{m}$	$H_{\Delta z}/\text{m}$
1	17319.876	0.005	6365	0.053	0.053
2	17144.697	0.094	6202	0.232	0.225
3	16958.487	0.235	6005	0.568	0.516
4	16818.621	0.296	5864	0.662	0.651
5	16738.486	0.372	5778	1.623	1.060
6	16698.941	0.555	5740	2.749	2.182
7	16549.671	1.010	5590	3.366	2.773
8	16425.639	1.229	5466	3.883	3.276
9	16294.972	1.573	5333	4.501	3.913

注　ΔN 为剩余负荷峰谷差。

选取 3 个典型方案开展进一步对比分析，结果如图 9.8 所示。可以看出，方案 1 得到的下游河道水位变化非常平缓，日水位最大变幅仅为 0.053m，但剩余负荷峰谷差高达 6365MW，此时以牺牲调峰效益为代价保证下游航运条件；方案 9 剩余负荷峰谷差为 5333MW，调峰幅度达到 1324MW，较方案 1 提高 3.5 倍，调峰效果显著，但下游水位日变幅达到 4.501m，增加调峰幅度的同时恶化了下游航运环境；方案 5 为多目标协调解，调峰幅度为 879MW，下游水位日变幅及小时最大变幅分别为 1.623m 和 1.060m，变化过程相对平缓，兼顾了调峰和通航需求。

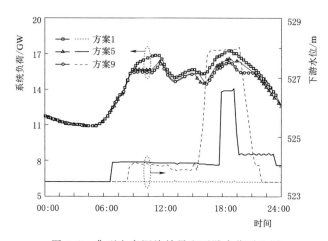

图 9.8　典型方案调峰效果和下游水位对比图

需要指出的是，所提方法给出了梯级水库群运行的决策方案集，在工程应用中，需要根据实际任务需求，以 Pareto 前沿为依据，以均匀扩展为原则，兼顾各目标侧重和多目标均衡要求，针对决策方案集进一步优选，以缩小决策范围，便于决策者根据调度需求偏好选取合适的决策方案。对于本书问题而言，当电网负荷峰值较大时，要求景洪电站主要承担系统调峰任务，建议采用方案 7~方案 9，调峰幅度可以达到 1000MW 以上；当航运要求较高时，可以适当牺牲调峰效益，建议采用方案 3~方案 5，日水位变幅和小时水位最大变幅平均值可分别控制在 0.951m 和 0.742m 左右，在满足通航要求的同时能发挥一定的调峰作用；对于其他方案则可以作为实际运行决策的参考。

9.4.3　实例分析 2：与实际运行过程对比与分析

本例采用 3 种典型日相应初始水位及入库流量等实际约束开展景洪-橄榄坝联合调度，计算结果及实际调度过程对比见表 9.3 和图 9.9。可以看出，由于橄榄坝尚未投运，景洪现阶段主要工作在系统基荷位置以满足下游河道航运需求，3 种典型情况下参与调峰容量分别为 300MW、342MW 和 6MW，调

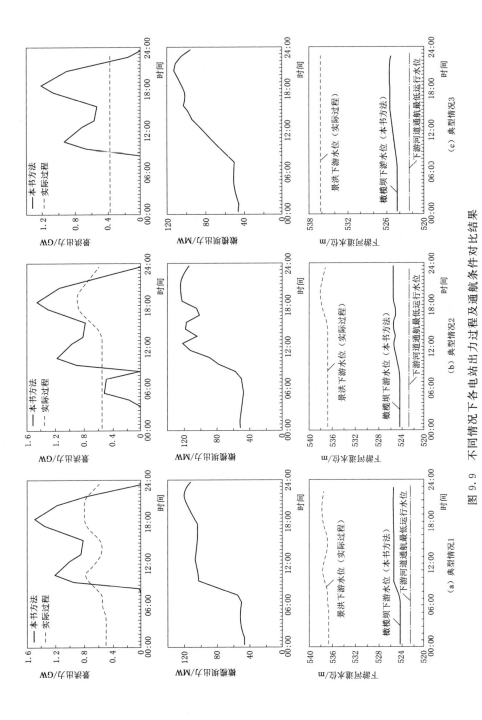

图 9.9 不同情况下各电站出力过程及通航条件对比结果

峰作用十分有限。所提方法可在保证航运条件的同时显著改善梯级水库调峰效果：①从航运条件看，下游河道 $D_{\Delta z}$ 和 $H_{\Delta z}$ 均可控制在 Ⅴ 级航道通航要求（3m 和 1m）内，同时严格满足 2.5m 航深下限对应的下游河道通航最低运行水位（522.5m），有效保证下游河道航运条件；②从调峰效果看，3 种情况下景洪电站参与调峰容量分别比实际增加 1193MW、1117MW 和 1211MW，增幅高达 4.0 倍、3.3 倍和 201.8 倍，调峰作用显著；③从系统运行安全看，3 种情况下景洪最大出力均小于其所在墨江输电断面对景洪的单站输电限制（1750MW）。综上分析，利用所提方法开展景洪−橄榄坝联合优化调度，可在满足输电安全限制前提下，有效兼顾下游河道航运条件和梯级水库调峰能力。

表 9.3　　　　　　　　　　　不同典型情况计算指标汇总表

编　号	调　峰　效　果			
	参与调峰容量/MW		最大出力/MW	
	实际调度	所提方法	实际调度	所提方法
典型情况 1	300	1493	801	1493
典型情况 2	342	1459	892	1459
典型情况 3	6	1217	386	1217

编　号	航　运　条　件			
	$D_{\Delta z}$/m		$H_{\Delta z}$/m	
	实际调度	所提方法	实际调度	所提方法
典型情况 1	1.14	1.23	0.40	0.47
典型情况 2	1.24	1.18	0.40	0.32
典型情况 3	0.09	1.18	0.07	0.16

9.5　本章小结

特大流域梯级水库群调度面临越来越高的综合利用要求，对于有航运要求的江河流域，通航和电网调峰是面临的主要突出问题。随着我国电网负荷规模的快速增加及其峰谷差的不断拉大，调峰与通航等综合用水之间的矛盾愈发突出，如何充分发挥通航反调节水库作用，协调梯级水库群调峰和航运需求，对于缓解电网日益严重的调峰压力和实现水资源综合高效利用具有非常重要的作用。本书以澜沧江下游景洪−橄榄坝梯级水库群反调节调度问题为背景，以通航和调峰为控制目标，提出一种梯级水库群多目标优化调度混合搜索方法。主要结论如下：

（1）采用电网余荷最大值最小和反调节水库下游河道水位过程方差最小

为目标，构建了耦合调峰和通航需求的梯级水库群多目标优化调度模型，实现了梯级水库调峰能力和下游河道航运条件的有机协调。

（2）针对水库群短期优化调度中面临的复杂约束集合，分别提出了由出力爬坡限制调整策略、出力波动控制调整策略和开停机最小持续时间调整策略构成的时间耦合约束调整策略和末水位修正策略，并结合克服 NSGA-Ⅱ方法缺点的遗传操作改进策略，提出了能够有效求解耦合调峰和通航需求的梯级水库群多目标优化调度模型的混合搜索方法。

（3）实例分析表明，所提方法可以得到合理的 Pareto 前沿，兼顾通航和调峰要求，为橄榄坝投运后电网和流域集控中心调度运行提供有效的决策方案集，是一种切实可行高效的方法。本章问题来源于澜沧江景洪-橄榄坝通航工程实际，所提模型与方法也将为长江三峡-葛洲坝、黄河小浪底-西霞院等类似工程的调度运行提供参考与借鉴思路。

附录

英文缩写中英文对照表

中 文 名 称	英 文 名 称	缩写
美国国家环境预报中心	National Centers for Environmental Prediction	NCEP
气候预测系统	climate forecast system	CFS
单隐层前馈神经网络	single – hidden layer feedforward neural network	SLFNN
经验模态分解	empirical mode decomposition	EMD
集合经验模态分解	ensemble empirical mode decomposition	EEMD
变分模态分解	variational mode decomposition	VMD
自适应噪声完备集合经验模态分解	compete ensemble empirical mode decomposition with adaptive noise	CEEMDAN
自回归移动平均	auto regressive moving average	ARMA
极限学习机	extreme learning machine	ELM
人工神经网络	artificial neural network	ANN
支持向量机	support vector machine	SVM
最小二乘支持向量机	least square support vector machine	LSSVM
孪生支持向量回归机	twin support vector machine	TSVM
正余弦算法	sine cosine algorithm	SCA
引力搜索算法	gravitational search algorithm	GSA
合作搜索算法	cooperation search algorithm	CSA
本征模态分量	intrinsic mode function	IMF
粒子群算法	particle swarm optimization	PSO
蛛群优化方法	social spider optimization	SSO
精英集聚蛛群优化方法	elite – gather social spider optimization	ESSO
量子粒子群算法	quantum – behaved particle swarm optimization	QPSO
多目标量子粒子群优化算法	multi – objective quantum – behaved particle swarm optimization	MOQPSO
多目标遗传算法	multi – objective genetic algorithm	MOGA
第二代非支配排序遗传算法	non – dominated sorting genetic algorithm – II	NSGA – II

续表

中　文　名　称	英　文　名　称	缩写
并行多目标遗传算法	parallel multi – objective genetic algorithm	PMOGA
逐步优化算法	progressive optimality algorithm	POA
均匀逐步优化算法	uniform progressive optimality algorithm	UPOA
余量	residual	R
径向基函数	radial basis function	RBF
均方根误差	root mean squarc error	RMSE
平均绝对误差	mean absolute error	MAE
平均绝对百分比误差	mean absolute percentage error	MAPE
相关系数	correlation coefficient	CC
纳什效率系数	Nash – Sutcliffe effciency	NSE

参 考 文 献

[1] 胡春宏, 郑春苗, 王光谦, 等. "西南河流源区径流变化和适应性利用"重大研究计划进展综述 [J]. 水科学进展, 2022, 33 (3): 337-359.

[2] 王浩, 王旭, 雷晓辉, 等. 梯级水库群联合调度关键技术发展历程与展望 [J]. 水利学报, 2019, 50 (1): 25-37.

[3] 陈云华, 吴世勇, 马光文. 中国水电发展形势与展望 [J]. 水力发电学报, 2013, 32 (6): 1-4, 10.

[4] 王本德, 周惠成, 卢迪. 我国水库 (群) 调度理论方法研究应用现状与展望 [J]. 水利学报, 2016, 47 (3): 337-345.

[5] 冯仲恺, 牛文静, 程春田, 等. 大规模水电系统优化调度降维方法研究Ⅰ: 理论分析 [J]. 水利学报, 2017, 48 (2): 146-156.

[6] 张玮, 刘攀, 刘志武, 等. 变化环境下水库适应性调度研究进展与展望 [J]. 水利学报, 2022, 53 (9): 1017-1027, 1038.

[7] 黄艳, 喻杉, 罗斌, 等. 面向流域水工程防灾联合智能调度的数字孪生长江探索 [J]. 水利学报, 2022, 53 (3): 253-269.

[8] 侯时雨, 田富强, 陆颖, 等. 澜沧江-湄公河流域水库联合调度防洪作用 [J]. 水科学进展, 2021, 32 (1): 68-78.

[9] 彭少明, 尚文绣, 王煜, 等. 黄河上游梯级水库运行的生态影响研究 [J]. 水利学报, 2018, 49 (10): 1187-1198.

[10] 邓铭江, 黄强, 张岩, 等. 额尔齐斯河水库群多尺度耦合的生态调度研究 [J]. 水利学报, 2017, 48 (12): 1387-1398.

[11] 于洋, 韩宇, 李栋楠, 等. 澜沧江-湄公河流域跨境水量-水能-生态互馈关系模拟 [J]. 水利学报, 2017, 48 (6): 720-729.

[12] 纪昌明, 马皓宇, 彭杨. 面向梯级水库多目标优化调度的进化算法研究 [J]. 水利学报, 2020, 51 (12): 1441-1452.

[13] CHENG C T, SHEN J J, WU X Y, et al. Short-term hydroscheduling with discrepant objectives using multi-step progressive optimality algorithm [J]. Journal of the American Water Resources Association, 2012, 48 (3): 464-479.

[14] 程春田, 武新宇, 申建建, 等. 亿千瓦级时代中国水电调度问题及其进展 [J]. 水利学报, 2019, 50 (1): 112-123.

[15] 冯仲恺, 牛文静. 特大流域水电站群优化调度降维理论 [M]. 北京: 科学出版社, 2022.

[16] CHENG C T, SHEN J J, WU X Y, et al. Operation challenges for fast-growing China's hydropower systems and respondence to energy saving and emission reduction [J]. Renewable and Sustainable Energy Reviews, 2012, 16 (5): 2386-2393.

[17] 巴欢欢, 郭生练, 钟逸轩, 等. 考虑降水预报的三峡入库洪水集合概率预报方法比

较 [J]. 水科学进展，2019，30（2）：186-197.

[18] LIU D, GUO S L, SHAO Q X, et al. Assessing the effects of adaptation measures on optimal water resources allocation under varied water availability con-ditions [J]. Journal of Hydrology, 2018, 556: 759-774.

[19] ZHAO J S, WANG Z J, WANG D X, et al. Evaluation of economic and hydrologic impacts of unified water flow regulation in the yellow river basin [J]. Water Resources Management, 2009, 23 (7): 1387-1401.

[20] YEH W W G. Reservoir management and operations models: A state-of-the-art review [J]. Water resources research, 1985, 21 (12): 1797-1818.

[21] LABADIE J W. Optimal operation of multireservoir systems: State-of-the-art review [J]. Journal of Water Resources Planning and Management, 2004, 130 (2): 93-111.

[22] 周建中，何中政，贾本军，等. 水电站长中短期嵌套预报调度耦合实时来水系统动力学建模方法研究及应用 [J]. 水利学报，2020，51（6）：642-652.

[23] WANG W C, CHAU K W, CHENG C T, et al. A comparison of performance of several artificial intelligence methods for forecasting monthly discharge time series [J]. Journal of Hydrology, 2009, 374 (3-4): 294-306.

[24] ABDULLAH S S, MALEK M A, ABDULLAH N S, et al. Extreme Learning Machines: A new approach for prediction of reference evapotranspiration. Journal of Hydrology, 2015, 527: 184-195.

[25] ADNAN R M, LIANG Z M, HEDDAM S, et al. Least square support vector machine and multivariate adaptive regression splines for streamflow prediction in mountainous ba-sin using hydro-meteorological data as inputs. Journal of Hydrology, 2020, 586: 124371.

[26] 牛文静，冯仲恺，程春田. 梯级水电站群优化调度多目标量子粒子群算法 [J]. 水力发电学报，2017，36（5）：47-57.

[27] 冯仲恺，牛文静，程春田，等. 水电站群联合调峰调度均匀逐步优化方法 [J]. 中国电机工程学报，2017，37（15）：4315-4323，4571.

[28] 牛文静，申建军，程春田，等. 耦合调峰和通航需求的梯级水电站多目标优化调度混合搜索方法 [J]. 中国电机工程学报，2016，36（9）：2331-2341.

[29] 陈森林，张亚文，李丹. 水库防洪优化调度的恒定出流模型及应用 [J]. 水科学进展，2021，32（5）：683-693.

[30] 李玮，郭生练，郭富强，等. 水电站水库群防洪补偿联合调度模型研究及应用 [J]. 水利学报，2007，38（7）：826-831.

[31] 覃晖，周建中，王光谦，等. 基于多目标差分进化算法的水库多目标防洪调度研究 [J]. 水利学报，2009，39（5）：513-519.

[32] 张金良，罗秋实，陈翠霞，等. 黄河中下游水库群-河道水沙联合动态调控 [J]. 水科学进展，2021，32（5）：649-658.

[33] 王煜，彭少明，郑小康. 黄河流域水量分配方案优化及综合调度的关键科学问题 [J]. 水科学进展，2018，29（5）：614-624.

[34] 谈广鸣，郜国明，王远见，等. 基于水库-河道耦合关系的水库水沙联合调度模型研

究与应用 [J]. 水利学报, 2018, 49 (7): 795-802.

[35] 牛文静. 梯级水电站群复杂调度需求多目标优化方法研究 [D]. 大连: 大连理工大学, 2017.

[36] HOWSON H R, SANCHO N G F. New algorithm for solution of multistate dynamic-programming problems [J]. Mathematical Programming, 1975, 8 (1): 104-116.

[37] MOUSAVI H, RAMAMURTHY A S. Optimal design of multi-reservoir systems for water supply [J]. Advances in Water Resources, 2000, 23 (6): 613-624.

[38] 周研来, 郭生练, 陈进. 溪洛渡-向家坝-三峡梯级水库联合蓄水方案与多目标决策研究 [J]. 水利学报, 2015, 46 (10): 1135-1144.

[39] BAI T, CHANG J X, CHANG F J, et al. Synergistic gains from the multi-objective optimal operation of cascade reservoirs in the Upper Yellow River basin [J]. Journal of Hydrology, 2015, 523: 758-767.

[40] MA C, LIAN J J, WANG J N. Short-term optimal operation of Three-gorge and Gezhouba cascade hy-dropower stations in non-flood season with operation rules from data mining [J]. Energy Conversion Management, 2013, 65: 616-627.

[41] 孙承晨, 袁越, 李梦婷, 等. 基于经验模态分解和神经网络的微网混合储能容量优化配置 [J]. 电力系统自动化, 2015, 39 (8): 19-26.

[42] NIU W J, FENG Z K, XU Y S, et al. Improving Prediction Accuracy of Hydrologic Time Series by Least-Squares Support Vector Machine Using Decomposition Reconstruction and Swarm Intelligence [J]. Journal of Hydrologic Engineering, 2021, 26 (9): 04021030.

[43] KIM T, SHIN J, KIM S, et al. Identification of relationships between climate indices and long-term precipitation in South Korea using ensemble empirical mode decomposition [J]. Journal of Hydrology, 2018, 557: 726-739.

[44] WEN X H, FENG Q, DEO R C, et al. Two-phase extreme learning machines integrated with the complete ensemble empirical mode decomposition with adaptive noise algorithm for multi-scale runoff prediction problems [J]. Journal of Hydrology, 2019, 570: 167-184.

[45] CHEN Z H, YUAN X H, TIAN H, et al. Improved gravitational search algorithm for parameter identification of water turbine regulation system [J]. Energy Conversion and Management, 2014, 78: 306-315.

[46] NIU W J, FENG Z K, LIU S. Multi-strategy gravitational search algorithm for constrained global optimization in coordinative operation of multiple hydropower reservoirs and solar photovoltaic power plants [J]. Applied Soft Computing, 2021, 107: 107315.

[47] PELUSI D, MASCELLA R, TALLINI L, et al. Improving exploration and exploitation via a hyperbolic gravitational search algorithm [J]. Knowledge-Based Systems, 2019, 193: 105404.

[48] NABIPOUR N, QASEM S N, SALWANA E, et al. Evolving LSSVM and ELM models to predict solubility of non-hydrocarbon gases in aqueous electrolyte systems [J]. Measurement, 2020, 164: 107999.

[49] ADNAN R M，LIANG Z M，HEDDAM S，et al. Least square support vector ma-
chine and multivariate adaptive regression splines for streamflow prediction in moun-
tainous basin usinghydro – meteorological data as inputs [J]. Journal of Hydrology,
2020，586：124371.

[50] BARZEGAR R，GHASRI M，Qi Z M，et al. Using bootstrap ELM and LSSVM
models to estimate river ice thickness in the Mackenzie River Basin in the Northwest
Territories，Canada [J]. Journal of Hydrology, 2019，577：123903.

[51] SAHA S，NADIGA S，THIAW C，et al. The NCEP climate forecast system [J].
Journal of Climate，2006，19（15）：3483 – 3517.

[52] YANG S，ZHANG Z Q，KOUSKY V E，et al. Simulations and seasonal prediction
of the Asian summer monsoon in the NCEP Climate Forecast System [J]. Journal of
Climate，2008，21（15）：3755 – 3775.

[53] WOOD A W，LETTENMAIER D P. A test bed for new seasonal hydrologic forecas-
ting approaches in the western United States [J]. Bulletin of the American Meteoro-
logical Society，2006，87（12）：1699 – 1712.

[54] FARIDZAD M，YANG T，HSU K，et al. Rainfall frequency analysis for ungauged
regions using remotely sensed precipitation information [J]. Journal of Hydrology,
2018，563：123 – 142.

[55] YANG T T，ASANJAN A A，FARIDZAD M，et al. An enhanced artificial neural
network with a shuffled complex evolutionary global optimization with principal com-
ponent analysis [J]. Information Sciences，2017，418：302 – 316.

[56] LIU X M，YANG T T，HSU K，et al. Evaluating the streamflow simulation capa-
bility of PERSIANN – CDR daily rainfall products in two river basins on the Tibetan
Plateau [J]. Hydrology and Earth System Sciences，2017，21（1）：169 – 181.

[57] NIU W J，FENG Z K，YANG W F，et al. Short – term streamflow time series pre-
diction model by machine learning tool based on data preprocessing technique and
swarm intelligence algorithm [J]. Hydrological Sciences Journal，2020，65（15），
2590 – 2603.

[58] BISOI R，DASH P K，PARIDA A K. Hybrid variational mode decomposition and
evolutionary robust kernel extreme learning machinefor stock price and movement pre-
diction on daily basis [J]. Applied Soft Computing Journal，2019，74：652 – 678.

[59] DRAGOMIRETSKIY K，ZOSSO D. Variational mode decomposition [J]. IEEE
Transactions on Signal Processing，2014，62（3）：531 – 544.

[60] 刘长良，武英杰，甄成刚. 基于变分模态分解和模糊 C 均值聚类的滚动轴承故障诊
断 [J]. 中国电机工程学报，2015，35（13）：3358 – 3365.

[61] ABD E M，OLIVA D，XIONG S W. An improved opposition – based sine cosine al-
gorithm for global optimization [J]. Expert Systems with Applications，2017，90,
484 – 500.

[62] GUPTA S，DEEP K. Improved sine cosine algorithm with crossover scheme for
global optimization [J]. Knowledge – Based Systems，2019，165：374 – 406.

[63] LI S，FANG H J，LIU X Y. Parameter optimization of support vector regression based on

sine cosine algorithm [J]. Expert Systems with Applications, 2018, 91: 63 – 77.

[64] HUANG G B, CHEN L. Convex incremental extreme learning machine [J]. Neuro-computing, 2007, 70 (16 – 18), 3056 – 3062.

[65] HUANG G B. Extreme learning machine for regression and multiclass classifcation [J]. IEEE Transactions on Systems, Man, and Cybernetics, Part B: Cybernetics, 2012, 42 (2): 513 – 529.

[66] HUANG G B, ZHU Q Y, SIEW C K. Extreme learning machine: theory and applications [J]. Neurocomputing, 2006, 70: 489 – 501.

[67] TAORMINA R, CHAU K. Data – driven input variable selection for rainfall – runoff modeling using binary – coded particle swarm optimization and Extreme Learning Machines [J]. Journal of Hydrology, 2015, 529: 1617 – 1632.

[68] YASEEN Z M, JAAFAR O, DEO R C, et al. Stream – flow forecasting using extreme learning machines: A case study in a semi – arid region in Iraq [J]. Journal of Hydrology, 2016, 542: 603 – 614.

[69] FENG Z K, NIU W J, TANG Z Y, et al. Evolutionary artificial intelligence model via cooperation search algorithm and extreme learning machine for multiple scales non-stationary hydrological time series prediction [J]. Journal of Hydrology, 2021, 595: 126062.

[70] FENG Z K, NIU W J, WAN X Y, et al. Hydrological time series forecasting via signal decomposition and twin support vector machine using cooperation search algorithm for parameter identification [J]. Journal of Hydrology, 2022, 612: 128213.

[71] GAO B X, HUANG X Q, SHI J S, et al. Hourly forecasting of solar irradiance based on CEEMDAN and multi – strategy CNN – LSTM neural networks [J]. Renew – able Energy, 2020, 162: 1665 – 1683.

[72] WANG Y N, YUAN Z, LIU H Q, et al. A new scheme for probabilistic forecasting with an ensemble model based on CEEMDAN and AM – MCMC and its application in precipitation forecasting [J]. Expert Systems with Applications, 2022, 187: 115872.

[73] ZHOU F T, HUANG Z H, ZHANG C H. Carbon price forecasting based on CEEM-DAN and LSTM [J]. Applied Energy, 2022, 311: 118601.

[74] HUANG H J, WEI X X, ZHOU Y Q. An overview on twin support vector regression. Neurocomputing, 2021, 490: 80 – 92.

[75] KHEMCHANDANI R, GOYAL K, CHANDRA S. TWSVR: Regression via Twin Support Vector Machine [J]. Neural Networks, 2016, 74: 14 – 21.

[76] GUPTA D, GUPTA U. On robust asymmetric Lagrangian – nu – twin support vector regression using pinball loss function [J]. Applied Soft Computing, 2021, 102: 1568 – 4946.

[77] FENG Z K, HUANG Q Q, NIU W J, et al. Multi – step – ahead solar output time series prediction with gate recurrent unit neural network using data decomposition and cooperation search algorithm [J]. Energy, 2022, 261: 125217.

[78] NIU W J, FENG Z K, LI Y R, et al. Cooperation Search Algorithm for Power Generation Production Operation Optimizationof Cascade Hydropower Reservoirs [J].

Water Resources Management，2021，35（8）：2465-2485.

[79] FENG Z K，NIU W J，LIU S. Cooperation search algorithm：A novel metaheuristic evolutionary intelligence algorithm for numerical optimization and engineering optimization problems [J]. Applied Soft Computing，2021，98：106734.

[80] FENG Z K，SHI P F，YANG T，et al. Parallel cooperation search algorithm and artificial intelligence method for streamflow time series forecasting [J]. Journal of Hydrology，2022，606：127434.

[81] ERIK C，MIGUEL C，DANIEL Z，et al. A swarm optimization algorithm inspired in the behavior of the social-spider [J]. Expert Systems with Applications，2013，40（1）：6374 6384.

[82] ERIK C，MIGUEL C. A new algorithm inspired in the behavior of social-spider for constrained optimization [J]. Expert Systems with Applications，2014，41（1）：412-425.

[83] 王艳娇，李晓杰，肖婧. 基于动态学习策略的群集蜘蛛优化算法 [J]. 控制与决策，2015，30（9）：1575-1582.

[84] FENG Z K，LIU S，NIU W J，et al. Ecological operation of cascade hydropower reservoirs by elite-guide gravitational search algorithm with Lévy flight local search and mutation [J]. Journal of Hydrology，2020，581：124425.

[85] ZHANG R，ZHOU J，ZHANG H，et al. Optimal operation of large-scale cascaded hydropower systems in the upper reaches of the yangtze river，China [J]. Journal of Water Resources Planning and Management，2014，140（4）：480-495.

[86] FENG Z K，LIU S，NIU W J，et al. A modified sine cosine algorithm for accurate global optimization of numerical functions and multiple hydropower reservoirs operation [J]. Knowledge-Based Systems，2020，208.

[87] ZHAO N，WU Z L，ZHAO Y Q，et al. Ant colony optimization algorithm with mutation mechanism and its applications [J]. Expert Systems with Applications，2010，37（7）：4805-4810.

[88] WANG Q，ZHOU Q Q，LEI X H，et al. Comparison of multiobjective optimization methods applied to urban drainage adaptation problems [J]. Journal of Water Resources Planning and Management，2018，144（11）.

[89] SUN P，JIANG Z Q，WANG T T，et al. Research and Application of Parallel Normal Cloud Mutation Shuffled Frog Leaping Algorithm in Cascade Reservoirs Optimal Operation [J]. Water Resources Management，2016，30（3）：1019-1035.

[90] 毕磊，钟登华，赵梦琦. 基于均匀设计的地下洞室群施工进度仿真多因素敏感性分析 [J]. 水力发电学报，2016，35（1）：118-124.

[91] WANG Y，FANG K T. Uniform design of experiments with mixtures [J]. Science in China Mathematics，1996，39（3）：264-275.

[92] 牛文静，冯仲恺，程春田. 梯级水电站群优化调度多目标量子粒子群算法 [J]. 水力发电学报，2017，36（5）：47-57.

[93] 牛文静，冯仲恺，程春田，等. 梯级水电站群并行多目标优化调度方法 [J]. 水利学报，2017，48（1）：104-112.

［94］ 邹强，王学敏，李安强，等. 基于并行混沌量子粒子群算法的梯级水库群防洪优化
调度研究［J］. 水利学报，2016，47（8）：967－976.

［95］ FENG Z K，NIU W J，CHENG C T，et al. Peak operation of hydropower system with parallel technique and progressive optimality algorithm［J］. International Journal of Electrical Power and Energy Systems，2018，94：267－275.

［96］ YUAN X H，WANG L，YUAN Y B. Application of enhanced PSO approach to optimal scheduling of hydro system［J］. Energy Conversion and Management，2008，49（11）：2966－2972.

［97］ CHEN F，ZHOU J Z，WANG C，et al. A modified gravitational search algorithm based on a non－dominated sorting genetic approach for hydro－thermal－wind economic emission dispatching［J］. Energy，2017，121：276－291.

［98］ LEI X H，ZHANG J W，WANG H，et al. Deriving mixed reservoir operating rules for flood control based on weighted non－dominated sorting genetic algorithm Ⅱ［J］. Journal of Hydrology，2018，564：967－983.

［99］ TSAI W P，CHANG F J，CHANG L C，et al. AI techniques for optimizing multi－objective reservoir operation upon human and riverine ecosystem demands［J］. Journal of Hydrology，2015，530：634－644.

［100］ CHEN C，YUAN Y，YUAN X. An Improved NSGA－Ⅲ Algorithm for Reservoir Flood Control Operation［J］. Water Resources Management，2017，31（14）：4469－4483.